깨어 있기 위해 우리는 태어났다. 잠을 자기 위해서가 아니다.

— 파라셀수스 『자연의 빛』 —

전파는 위험하지 않은가

우려되는 인체에 대한 장해

도쿠마루 시노부 지음
김기채 옮김

전파과학사

머리말

우리가 살고 있는 세계는 어디를 보나 전기와 전파에 관계되는 것에 부딪힌다. 인류가 쌓아 온 전기와 전파의 기술 문명은 정말로 놀라울 따름이다.

그런데 이러한 인류의 문화와 문명을 유지해 가기 위해서는 에너지의 확보가 필수 조건이다. 이 때문에 고대인은 지상의 삼림을 베어 눕히고 현대인은 화석 연료를 사용해 왔다. 그리고 생명의 유지가 안심해도 될 정도로 되자, 그 이상의 물질문명, 정신문화를 찾아 에너지를 소비하기 시작했다. 이것이 바로 인간의 훌륭하면서도 무서운 점이다. 지금에 와서는 당연하게도 전기 에너지가 우리 주위에 넘치고 있다.

한편, 전기와 전파를 사용할 때 인간에게 나쁜 영향이 있지 않을까 하는 기사가 때때로 신문에 실리고 있다. 무척 마음에 걸리는 일이다. 전기난로를 쬐고 있노라면 전기는 신체에 나쁘지 않을까 하는 등의 화제도 이따금 나온다.

생명 공학의 시대이다. 생체에 대한 관심이 높아진들 조금도 이상한 일이 아니다.

바야흐로 전기, 전파의 생체 효과는 새로운 시대의 학문으로 각광을 받고 있다. 또한 신체에 관한 일은 남의 일이 아니다. 그러나 그것에 관한 정보는 아주 적다. 인간의 심리로, 모르는 일이란 쓸데없는 혼란을 초래하기 마련이다.

그래서 전파의 생체 효과를 올바르게 생각해 볼 목적으로, 지금까지 여러 곳에서 연구되어 온 일, 언급되었던 일들을 간

6

단히 정리해 보았다. 전파에 대하여 덮어놓고 불안을 가질 것이 아니라, 있는 그대로 이해하기 위한 첫걸음이 되기를 염원하고 있다. 전파를 쬐면 어떻게 될까? 어떤 때에 어떤 전파가 위험할까?

생체 효과에는 이득이 있을까, 해가 있을까? 안전 기준은 어떻게 되어 있을까? 왜 전문가는 "근거가 없다, 통일된 견해가 없다, 속설이다, 조작된 얘기이다"는 따위로 말할까? 이런 일들을 생각하는 실마리를 제시할 수 있었으면 하고 생각한다. 어려운 일은 그 방면의 전문가에게 맡겨 두기로 하자. 우선 그 개요를 알아보기로 하자.

전파 생체 효과라고 하면 공학, 의학, 심리학, 생물학, 사회학, 경제학 등에 걸쳐지는 경계 영역의 학문이다. 시야가 좁은 저자 한 사람으로는 도저히 이 분야를 망라할 수 없다. 독자들의 조언을 받을 수 있다면 다행이다.

끝으로 이 책을 저술함에 있어 야나기다(柳田和鼓) 씨에게는 유익한 조언을 받았다. 여기에 감사의 뜻을 표한다.

도쿠마루 시노부

차례

라고 말하게 할 만큼 디아테르미 전성시대를 맞이하게 되었다. 그런데 디아테르미 요법에서는 전파를 쬐는 양과 쬐는 부위가 중요한 포인트가 된다. 당연한 일이지만 지나치게 쬐는 것은 위험할 것이다.

이 지나친 조사에 따르는 부작용이라고도 할 수 있는 문제에 관해서는 당시 어떻게 이해되고 있었을까?

머리 부분에 강한 전파를 쬐면 두통이 일어난다. 이것은 디아테르미의 연구 개발자에게는 일찍부터 알려져 있었다. 그리고 여러 가지 연구와 실패를 한 체험도 있었을 것이다. 필요 이상의 전파를 쬐면 여러 가지 증상이 일어난다는 것을 알게 되었다. 당시를 말해 주는 책을 펼쳐보기로 하자.

"3m의 파장(100MHz의 전파)이 되면 400W의 발신기라도 상당한 감각을 일으킨다는 사실이 알려져 있다.

초단파 발신기 근처에서 장시간 전파를 쬐면 일반적으로 피로를 느끼지만, 차츰 어느 정도까지 불감증이 된다. 그러나 발신기를 금속판으로 차폐하면 생리 작용은 거의 인정되지 않는다.

강한 전파를 쬔 경우에는 신경 쇠약과 같은 증상을 나타내는 수가 있고, 또 머리에 압력감을 일으키거나 통증을 느끼는 일도 있다. 손발이나 목에 경직감을 일으키거나 소화기의 상부가 죄어지는 듯한 느낌을 일으키는 수도 있다. 이와 같은 감각은 파장과 전력에 따라서 그 정도가 달라지지만, 10m의 파장(30MHz의 전파)에서는 거의 일어나지 않는다고 보아도 좋을 것 같다.

초단파 치료기의 축전기 전기장 속으로 인체의 어느 부분을 넣으면, 일반적으로 졸음증을 일으키고, 치료를 받는 환자의 대부분은 치료 중에 잠드는 경우가 많다.

그러나 머리에 축전기 전기장을 작용시키면 일종의 지각 상실을 일으키며, 귀를 치료하는 경우에는 현기증을 느끼고, 눈을 치료하는 경우에는 눈물이 나오는 일이 있다.

인체가 초단파의 자극을 받으면 일반적으로 신경 계통을 자극하고, 더군다나 주로 머리에, 두드러지게 이상한 느낌을 일으킨다. 예를 들면, 이마의 앞부분 또는 머리 껍질 속이 이상하게 당기는 듯한 느낌, 불안과 흥분감, 잠들기 어렵거나 두통, 머리가 무겁거나 권태, 사지의 이상감 등이 생긴다. 상복부가 죄이는 듯한 느낌, 위가 당겨 올라가듯 하는 느낌, 발한 등을 일으키는 이들은 모두 신경 계통의 작용에 기인한다.

이상과 같은 초단파에 의한 생리 작용이 신경 계통에 대해 영속성을 갖는지 어떤지에 대해서는, 발신기를 정지시키는 동시에 앞에서 말한 이상 감각이 금방 사라져버리는 사실로 보더라도 이것은 일시적인 것이라고 추정된다."

〔야마모토(山本勇), 『고주파의 과학과 응용』, 1949〕

디아테르미 전성시대를 맞이하였다고는 하지만, 지금에 와서 생각하면 개척시대의 이야기다. 당시로서는 전파 조사량을 어떻게 정하면 좋을지, 암중모색의 상태였다. 그 전파 치료의 효능이 밝혀지는 과정에서 전파 생체 장해도 발생되고 있었던 것이다. 이 책에서 설명하는 증상은, 현대의 지식으로 올바로 생각해 보면, 주로 전파의 가열 작용에 의한 열 효과 장해라고나 할 수 있는 것이다.

그런데 그 무렵, 미국 의학협회의 회원들은, 전파는 열적 작용 이외에도 무엇인가 영향을 끼치는 것이 아닐까 하고 느끼기 시작하였다. 그 당시 협회는 "열 효과 이외의 장해에 대해서도 입증할 책임이 있다"는 성명을 내고 있다.

당시 보르디에(Bordie)가 잉어를 사용해 실시한 30MHz파에서의 실험을 예로 들어보자.

전파를 쬐고 나서 수조의 수온이 25℃가 되면 잉어는 죽는다. 그러나 전파를 쬐지 않고 열만 가했을 때에는 수온이 35℃ 이상이 넘지 않으면 잉어는 죽지 않는다.

이런 실험 사실로부터 보르디에는 전파에는 열 이외의 작용이 있다고 생각하였다.

전파 증후군

전파를 쬐면 어떻게 될까?

어느 기준 이하에서 쬐는 것이라면 전파 물리 요법으로 이미 실증되어 있듯이, 전파는 인간에게 플러스가 된다는 것이 알려져 있다. 그렇지만 그 수준을 일단 넘어서면 인간에게는 아무래도 좋지 않은 듯하다.

이 전파의 플러스 영향으로부터 마이너스 영향으로 옮겨가는 경계 수준에 대해서는 마지막의 8장에서 설명하기로 하고, 지금까지 여러 가지로 화젯거리가 되어, 인간을 대상으로 조사된 증상에서 전파가 그 원인으로 단정되고, 또는 입에 올랐던 증상에 대한 일람을 〈표 2〉에 나타내어 보였다.

이들 증상은 전파의 종류에 따라서도 다르기 때문에, 흔히 이야기에 오르는 4종류의 전파에 대해 분류하여 있다.

정자기장(靜磁氣場): 전파는 아니지만 참고삼아

초저주파 전파: 완만하게 진동하는 정자기장에서부터 상용 주파수
　　　　　　　부근까지

22

〈표 2〉① 전파 증후군

눈	정자기장	초저주파 전파	햇전자 펠스	마이크로파
침침한 눈			◎	◎
백내장				◎
망막 염증				◎
최루				◎
흰 물체를 보기 어렵다				◎
청색을 보기 어렵게 된다				◎
섬광 체험		◎		◎
귀				
귀울림	◎			
난청			◎	
현기증	◎			◎
구역질			◎	◎
코				
냄새의 감수성 저하				◎
순환계				
심장부의 불쾌감	◎			◎
동계				◎
숨이 차다		◎		◎
부정맥		◎		◎
제맥		◎		◎
혈압 저하			◎	
혈압 변화		◎		
심전도 이상		◎		◎
심장 발작				
어린이의 돌연사		◎		
빈혈		◎		
일어설 때 느끼는 현기증	◎			
혈중 히스타민의 저하				◎
내분비계				
갑상선 이상			◎	◎
어린이의 조숙			◎	
모유 분비 부전				◎
월경 패턴의 변화				◎
난자 형성 감소				◎
정력 감퇴		◎		◎

〈표 2〉 ② 전파 증후군

자율 신경계	정자기장	초저주파 전파	핵전자 펄스	마이크로파
두통, 머리 무거움	◎	◎	◎	◎
피로, 권태감		◎		◎
대낮의 졸음		◎		◎
야간의 불면				◎
사기 저하, 소침				◎
신경 쇠약, 정신 피로				◎
식욕 감퇴			◎	◎
체중 감소			◎	
흥분, 감정 불안정	◎			◎
기억력 감퇴, 부분 소실		◎		
지적 레벨의 저하				◎
손가락 등의 떨림	◎	◎		◎
눈꺼풀의 떨림				◎
머리와 귀의 경련				◎
근육, 피부				
머리, 이마의 당김		◎		◎
수족의 경직감				◎
근육통				◎
수족의 마비	◎			
온도 감각의 저하	◎			
달아오름	◎	◎		
다한증	◎	◎		
손과 손가락의 혈관확장	◎			◎
손가락이 창백해진다	◎			
피부의 발적	◎			
청색증	◎			
피부의 기미				◎
탈모			◎	◎
돌연변이				
고환이 퇴행		◎		◎
여아 출산율의 증대				◎
유산		◎		◎
불임				◎
다운증후군				◎
기형아출산		◎		◎
암, 종양				
백혈병		◎	◎	◎
피부암			◎	◎
그 밖의 암, 종양		◎	◎	◎

핵전자기 펄스(核電按氣, Pulse): 단파인 펄스 변조파의 특수한
　　　　　전파, 핵폭발 시에 발생한다.

마이크로파: 초단파를 포함하여 열작용이 있는 전파

전파의 생체 작용은 그 주파수만으로 모든 것이 결정되는 것
은 아니다. 〈표 2〉는 단순한 분류표, 즉 하나의 가늠이다. 표의
표시에 대해서도, 표시가 있으면 안전하고, 표시가 없으면 위험
하다는 것만은 아니다.

여기에 보인 증상은 전파 생체 효과에 대해 좋든 나쁘든 간
에, 미국에서 일대 센세이션을 불러일으킨 책 『A Reporter At
Large』(Brodeur, The New Yorker, 1976, Dec.)에 기술된 증상
을 중심으로 하여 이 책의 권말에 든 참고 서적과 문헌 등 에
서 발췌한 것이다.

그런데 〈표 2〉에 든 증상의 원인이 정말로 전파인지 아닌지
의 판단은 접어두고서도, 이들 증상을 호소한 사람들은 주관적
이기는 하지만 강한 반응과 같은 것을 느꼈었기 때문일 것이다.

이 증후군을 냉정히 살펴 볼 때 다음과 같이 분류할 수 있을
것 같다.

(1) 이전에 아직 전파에 대한 인식이 낮았던 시대에, 직장에서 강
　　한 전파를 쬐었을 때에 일어난 증상. 이들의 어떤 것은 현재
　　의학적으로 이미 확인되어 있다. 그러나 또 어떤 것은 현재도
　　아직 의학적으로 확인되어 있지 않다.

(2) 역학적(疫學的) 조사를 해본즉, 통계적인 의미에서 이와 같은
　　결과가 도출되었다. 그러나 동물 실험 등에서는 현재 아직도
　　그 결과가 확인되지 않고 있다.

⑶ 예를 들면, 변전소 등과 같이 전기와 전파를 취급하는 장소에
    서 이와 같은 증상을 나타내는 사람이 나왔다. 그러나 그 때
    동시에 일어나고 있었던 소음 장해, 화학 물질 장해 등의 다
    른 원인에 의한 증상일지도 모르는 것.

⑷ 전기, 전파적 근거는 생각하기 어렵지만 소문 등의 심리적인
    현상으로서 나타난 증상.

그런데 과학 기술과 의학 등은 나날이 진보하고 있다. 표에
든 증후군도 가까운 장래에 어떤 것은 확인 또는 인정되고, 또
어떤 것은 틀린 것으로 단정하게 될 것이다.

그러나 현단계에서는 이 표가 우리의 출발점이다. 웬만큼 신
중히 또 대담하게 생각하지 않으면, 터무니없는 잘못된 결론에
도달하거나, 아무런 결론에도 도달하지 못하는 불모의 결과로
끝나버릴 가능성도 있을 것이다. 이 점을 근거로 하여 전파의
생체 효과를 규명해 가겠지만, 그 접근 방법에는 몇 가지 입장
이 있다. 그것을 다음에서 설명하기로 한다.

생명 현상의 해명을 목표로 하는 입장

우선 생물학과 의학의 과학적 입장에서 생각해 보자.

이 생물과 의학의 기초 분야에서는 "우리의 신체는 어떤 메
커니즘으로 생존하고 있느냐, 어떻게 해서 신체계(身體系)로서
통일을 유지하고 있느냐"고 하는 점을 항상 추구하고 있다.

이와 같은 생물과 의학의 기초 연구와 전기학과의 결부는
1786년, 이탈리아의 갈바니(D. Galvanism)에 의한 유명한 '개
구리의 실험'에서 시작되었다.

그는 기전기(起電機)와 번개로부터 발생하는 전기가 개구리의

다리를 움직이게 하는 것을 연구하여, 마침내 전류가 근육을 움직이게 하는 것을 확인하고 뒤에 '갈바니즘(Galvanism)'이라고 일컬어지게 된 생체 전류를 발견했다.

그 다음의 큰 사건으로는 1842년, 프랑스의 뒤 부아레이몽 (E. H. du Bois-Reymond)에 의한 갈바니의 역현상 발견이 있다. 즉, 근육 운동으로부터 전류가 발생하는 사실을 발견한 것이다. 그 이후 전기 현상이 생체에 중요한 역할을 하고 있다는 것이 날로 밝혀졌다.

그리고 지금은 전기가 뇌와 신경계 등에서 생명 현상의 중심적 역할을 하고 있다는 것은 상식으로 되어 있다.

이들 생체 메커니즘의 해명을 위해, 앞에서 말한 전파 생체 효과를 깊이 조사해 본다면 무엇이 얻어지지 않을까?

전류나 전기장, 자기장은 신경에 의한 근육 활동, 호르몬 분비, 생체막 기능 등 생체계의 조절에 관계하고 있을 뿐만 아니라, 생체 조직의 성장이나 수복(修復) 또는 조직 내에서나 조직 사이에서 연락을 주고받는 세포 간 통신에도 사용되고 있는 듯하다.

한편, 의학의 세계에서(그 원리적인 것은 명확하지 않지만) 전기, 전파 요법이 사회 복귀 요법(Rehabilitation) 등에 적극적으로 이용되고 있는 것으로도 명백하듯이 전파, 전기는 생명에 활력을 제공해 주고 있다. 전파 생체 효과는 이와 같은 현상에도 빛을 던져주게 될 것이다.

또, 암세포의 성장 메커니즘에도 전기 현상이 관계된다고 말하는 사람도 있다. 생각해 보면 전파 생체 효과는 생명 현상을 해명하는 커다란 수단이 될 수 있는 것이 아닐까?

전기 현상은 생명의 유지에 있어서 하나의 본질적인 현상이다. 생명을 생명체로서 통일하고 있는 것이 전기, 전파가 아닐까? 그렇게 생각하면 꿈이 부풀어진다.

생체 장해에 대한 두려움으로부터의 입장

현대 사회에서 전기와 전파의 이용은 멈출 곳을 모른다. 문명의 고도화에 수반하여 에너지원, 정보 전달의 수단 등에 있어서 〈표 3〉에 있듯이 전기원과 전파원의 수적 증가와 대전력화에는 점점 박차가 가해지고 있다. 또한 우리 가정이나 직장에서도 전기 제품의 이용은 증가하고만 있다. 지금까지 전기나 전파의 장해 등을 생각해 본 적이 없었던 만큼, 그런 것이 있다고 한다면 전기나 전파에 대한 불안이 한층 더 커진다.

전기나 전파가 생체에 좋지 않다고 하면 이것은 큰일이다. 자세히 조사해 둘 필요가 있을 것이다. 건강이 있고서의 우리의 생활이라고 할 수 있다. 유비무환으로 살아가고 싶다.

그런데 현대는 건전한 일반 상식의 보급보다도 과학 기술의 진보가 더 빠른 일이 많다. 그래서 그때 그 기술이나 사고방식에 어떠한 문제나 불비한 점이 있을 때는, 그 주위에서 피해를 입는 수가 종종 있다. 이른바 공해 문제가 바로 그것이다. 새로운 일을 할 때는, 그것을 평가하고 사정하는 임무가 중대하다.

19세기 말에 X선이 발견되었을 때, X선 기기의 제조 공장이나 의사들 사이에서, X선 장해가 잇달아 발생했다. 그와 같은 쓰라린 경험을 다시 반복하고 싶지는 않다.

전기와 전파의 생체 장해에 대해서도 역학적 연구와 임상적 연구를 하여, 직업병, 공해병의 관점에서 적극적으로 다시 검토

〈표 3〉 전파의 대표적인 이용례. 후지모토(薦本京平), 전파와 일렉트로닉스
[야마가(山香) 편, 『일렉트로닉스 최전선』]

정보	전달	멀리	우주 통신, 국제 통신·방송 위성 통신, 마이크로파 통신	
		멀리	방송, 이동 통신(차량, 사람, 동물)	
			항법, 선박통신(연안, 대양 위)	움직인다
			항공 통신	
		국소적	고속도로 통신, 열차 통신	
			가정 내 경보장치	
			리모컨 장난감	
			(CATV)	
	탐사	능동	레이더(항공기·선박 여행, 운행 관리, 관제, 항법)	
			계측(고도, 산란)	
			탐사 리모트센싱(지표, 지중, 해수, 대기, 천체, 생체)	
		수동	항법(선박, 항공)	
			탐사(지표, 천체, 생체), 전파 천문	
			계측(지각, 천체)	
에너지	작용	가열	의료, 가공(공업, 식품), 전자레인지	
			핵융합(플라스마 가열)	
		가속	의자 가속기 소립자 연구, 공업, 의료, 식품 응용	
	운반	수송	SPS(태양 에너지 전송)	

하고, 특수한 분야이기는 하지만 전파 예방 위생학이라고도 할 만한 분야를 확립할 필요가 있다. 중국 고전에 나오는 말을 충분히 음미해 보고 싶다.

　"상공(上工, 훌륭한 의사)은 이 사소한 기(氣, 기운)의 변동을 간파하여 그 싹을 뽑아내 버리지만, 하공(下工, 서투른 의사)는 그 병이 나타나고서야 비로소 그것을 안다."

[『황제내경(黃帝內經)』, 영추(靈樞) 73]

2라고 한다.

그래서 그는 전력 에너지와 의학의 생리적 에너지를 관계시켜, 이것을 다시 인간의 노동 조건과의 관계로까지 추진시켰다.

즉 고온, 고습 아래의 악조건인 노동에서도, 체온의 상승이 그 노동에 의해 1도를 넘어서는 안 된다고 의학에서 정하고 있는 사실을 적용한다. 즉 이 가상적으로 정한 1㎠당 100㎽(㎽/㎠)를, 인체에 24시간 계속해 쬐었을 때의 누적조사전력량(累積照射電力量)은 체온이 1도 상승하는 열량에 해당한다.

뒤이어 그는 자연 에너지나 이미 실용되고 있는 디아테르미 치료를 관련짓는 일도 연구하였다.

즉, 1㎠당 100㎽의 전력량은 태양 광선의 전력 환산량의 약 10분의 1이며, 또 그 전력은 디아테르미 때의 전력의 15분의 1 정도이다.

그리고 결론으로서 이 가정한 값을 기준값의 하나의 문턱값으로 하여, 거기에다 안전을 예상하여 그것의 10분의 1로 하여, 1㎠당 10㎽를 안전 기준으로 했던 것이다.

이상이 슈반이 주장한 과학적 근거의 골자이다.

1966년, 이 안전 기준이 10㎒~100㎓의 전파에 대해 미국의 규격협회 ANSI에서 채용되었다. 그리고 이 기준 이하의 수준에 의한 보고들은 모두 근거가 없다(?)고 한 것이다. 당시 이 논의가 있기 전에는 다른 주장은 너무나도 빈약하게 보였던 것 같다.

이 전파 안전 기준은 전자레인지와 같은 원리인 생체의 유전가열(誘電加熱)과 열방산(熱放散)이나 혈액 순환에 의한 열 교환 특성 등 모든 열적 관계만으로 완결되어 있었고, 그런 면에서는 기술적으로 정의할 수 있는 합리적인 기준이라고 할 수 있다.

관점을 반대로 하면, 이 기준은 열장해를 방지할 목적으로 만들어진 것이며, 그 밖의 목적은 고려되고 있지 않다고도 말할 수 있다.

역사적으로 보았을 때, 이 기준만큼 나중에 화제가 된 것은 없다. 지금에 와서 생각하면 기준의 내용보다도, 기준이 처음 만들어졌다는 점에서 그 역사적 가치에 의의가 있는 기준이었다.

그 후 이 기준에 대해 어떤 논의가 일어났을까?

동유럽의 기준

한편, 러시아에서는 이미 1958년에 군 관계를 중심으로 〈그림 4〉에 보인 것과 같은 안전 기준을 정하고 있었고, 그 값이 일반 주민용으로서도 채용되어 있었다. 그 기준은 놀랍게도 1㎠당 10㎼($㎼/㎠$, 1㎼는 1W의 100만분의 1)로 미국이 정한 값의 1,000분의 1이었다. 그 근거는 동물 실험과 직업상 전파를 쬐게 되는 사람들에게 대한 건강 상태의 병리학적 조사에 있었다.

그 주장은 아래와 같다.

3GHz인 전파에서의 동물 실험에 의하면, 1㎠당 1㎽의 전파를 1시간 동안 쬐면 동물에 기능 장해가 일어난다. 1㎠당 0.1㎽로 해도 10시간을 쬠으로써 변화가 일어난다. 그래서 이 값에 안전을 예상하여 그 10분의 1로 하여 1㎠당 10㎼를 시간제한이 없는 안전 기준으로 한다.

또 생리학자들은 1㎠당 0.1㎽라도 의학적 증상, 예를 들어

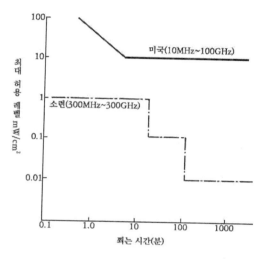

〈그림 4〉 ANSI ′66 기준과 러시아(1958) 기준: 미국과 러시아는 10~1,000
    배의 차이가 있다

기억 감퇴나 결단력의 저하가 일어난다고 하였다. 이것들은 과
학적으로는 판단하기 어려운 증상이지만 사람의 작업에 어떠한
작용을 끼친다고 하는 결론이다.

  과연 조건 반사의 신(神)인 파블로프(I. P. Pavlov)를 낳은 나
라이다. 열적인 문제에만 착안한 물리적인 사고방식에 의한 미
국의 발상과는 달리, 러시아에서는 감각적, 생리적인 판단이 도
입되어 있었다.

  동양 여러 나라에서도 비슷한 기준을 정하고 있었다.

  미국의 기준과의 결정적인 차이는, 전파의 작용에는 단순히
열적, 온도 변화적으로서가 아니라, 비열적(非熱的)으로 신경계
통에도 작용을 끼친다고 하는 주장이었다. 그런 관점으로부터
의 기준이며, 생물학적인 영향을 방지하는 기준이 동양의 것이

었다.

당시는 동양의 정보가 동서 사이의 해빙과 더불어 서양으로 전해지기 시작한 때이기도 했다. 서양 측 연구자는 미국과 동양의 안전 기준에서 보는 이 커다란 차이에 놀라 강한 문제의식을 가졌다.

동양보다는 미국이 자연 과학은 더 진보해 있을 터(?)라고 자인하고 있던 서양 측에서는 동양에서 실시된 동물 실험을 몇 번이나 반복하고 추시했다. 그리고 동양에서 얻어졌다고 하는 결과가 얻어지지 않는다거나, 동양의 실험에는 불완전한 데가 있는 것이 아닐까 하는 등의 논의가 분분했다.

실제로 그 추시 실험이나 정보 수집으로부터, 동양권의 실험에서의 연구 관리 체제, 환경 척도의 설정법, 측정법 등의 불비가 수많이 밝혀졌던 것이다. 예를 들면, 동양에서는 실험에서 불필요한 전파를 억제하기 위한 전파 흡수체를 사용하고 있지 않았던 것 등이다.

그러나 열작용밖에 인정하지 않는 서양 측의 사고방식은 곰곰이 생각해 보면, 회복 가능한 열 효과는 인체에 유해한 것이라고는 인정하고 있지 않는 듯하다. 이와 같은 입장에는 감정적이기는 하지만, 왠지 모르게 저항(?)을 느끼는 것은 필자 혼자만이 아닐 것이다.

이른바 열적이 아닌 낮은 수준의 조사(照射)에 의한 장해 근거를 과학적으로 찾으려면 도대체 어떻게 하면 될까? 비열 효과 등으로 불리는 것이 일어날 수 있는 일일까? 바로 이것이 그 후의 서양 측 연구자의 화젯거리가 되었다.

다고 한다.

열 효과에 의한 사망을 전신적(全身的)으로 볼 때, 이상을 느끼는 상태, 평형 상태 그리고 제어 불가능 상태의 세 단계가 있다. 이와 같은 경과는 흡수 열에너지의 양, 동물의 온도 제어 시스템, 생리적 조건, 환경에 따라서도 여러 가지로 변화한다. 예를 들면, 마취 등의 약물 투여에 의해 제2의 평형 상태가 없어지게 되는 것도 잘 알려져 있다.

일반적으로 신체의 조직이 가열될 때, 그 부분에 가해지는 열은 초속 약 40㎝의 혈액 순환에 의해 다른 부분으로 확산한다고 알려져 있다. 그러나 모델 실험 등에 따르면 열은 몸의 심층부에 집중적으로 축적된다는 것이 알려져 있다. 자세하게 살펴볼 때, 신체 전체로 평균화해서 생각하는 방법에는 한계가 있는 것 같다.

전파 가열에 의한 체온의 상승은 환경의 영향을 두드러지게 받는다. 주위의 온도가 높으면 열 스트레스는 강화되지만, 거기로 공기를 흘려주면 열 스트레스는 약화된다고 한다.

열 효과에 대해서는 혈관 분포가 적은 눈, 고환 등으로의 영향이 특히 문제로 되고 있다.

눈에 대한 열 효과는 너무나도 유명하므로 항목을 달리하여 설명하기로 한다.

눈의 장해

눈의 전파 장해로는 백내장이 너무도 유명하다.

마이크로파가 눈에 쬐어지면 그 열작용으로 안구 내 렌즈 부분의 온도가 상승한다. 이때 41℃를 넘으면 눈에 불투명한 부분이 생기고, 1~6일 동안의 잠복기를 거쳐 백내장이 발증한다. 계란 흰자에 열을 가하면 투명했던 것이 불투명한 흰색으로 변화하는데, 바로 그것과 같은 단백질의 변성 현상이다.

이 마이크로파 백내장은 2차 세계대전 때 마이크로파 장해로 소문이 났었다. 그리고 1952년, 32세의 기술자에서 발생한 증상례가 학술 잡지에 보고되어(F. Hirsch) 확인되었다. 그 이후 장기간에 걸쳐 연구·조사되고 있으며, 백내장이라고 하면 마이크로파 장해의 대명사로 되어 있다.

백내장은 눈의 변화이므로 검사는 쉽다. 그러나 마이크로파 백내장은 좀처럼 인지되지 않았다. 거기에는 그만한 이유가 있었다. 다음과 같은 조사 결과도 있다.

2차 세계대전, 한국 전쟁에 관계한 미국의 육군과 공군의 군인을 대상으로 한 1965년 역학(疫學) 조사에서는, 레이더 기술자로 백내장인 사람은 47.5%였지만, 레이더 기술자가 아닌 그룹은 57.6%였다[클레어리 (S. F. Cleary)]. 이 결과는 지금에 와서 보면 전파 이외로도 백내장이 되는 원인이 많다는 것이겠지만, 당시로서는 마이크로파 백내장에 대해서는 부정적인 결과로 보였던 것이다.

그런데 마이크로파 백내장이 다시 주목된 것은 전자레인지에 의한 주부의 백내장 사례가 1974년에 보고된 데서 시작된다. 이 문제는 그 대상이 기술자 등의 직접적 종사자와는 달리 일반 시민인 것이 큰 화제를 불러일으켰다.

이들 마이크로파 백내장의 논쟁에 결말을 지은 것은 백내장을 발생시키는 임계 전력 밀도 레벨의 제시이다[거이(A. W. Gay) 등 1975].

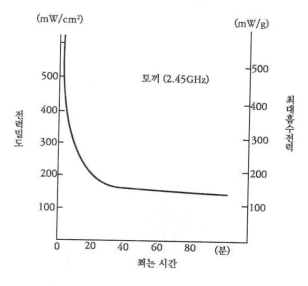

<그림 10> 백내장을 발생시키는 전력 밀도와 쬐는 시간: 150㎽/㎠ 이하에서는 백내장이 되지 않는다 〔E. Guy et. al. Effect of 2450MHz Radiation on the Rabbit Eye(IEEE Trans., vol. MTT23)〕

　인간의 눈에 가까운 뉴질랜드 토끼에게 2.45G㎐의 전파를 쬐었을 때의 쬐인 시간과 쬐인 강도의 결과를 <그림 10>에 보였다. 이것에 의하면 10㎠당 150㎽를 넘는 전력값이 되면 백내장이 되는 것을 알 수 있다. 특이 흡수율(3장 '전파의 단위' 참고)로 말하면 1㎏당 138W에 해당한다.
　이 마이크로파 백내장을 자세히 살펴보면 어떠할까?
　2.45G㎐에서는 수정체 후부에 장해를 일으킨다. 그러나 주파수가 바뀌면 눈 속에서 고온으로 가열되는 부위가 이동하기 때문에 장해를 받는 부위도 이동한다. 예를 들면 10G㎐보다 높은 전파에서는 수정체보다 홍채나 각막 등의 표면에 열이 집

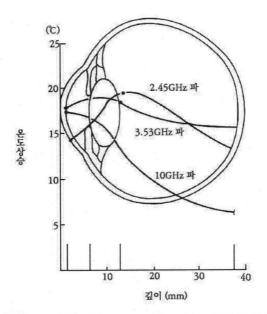

(℃)

온도상승

깊이 (mm)

2.45GHz 파

3.53GHz 파

10GHz 파

〈그림 11〉 마이크로파를 쬠으로써 생기는 소 안구의 핫 스팟: 파장이 바뀌면
핫 스팟(온도 최대점)가 이동한다
〔A Richardson et. al. Experimental Cataract Produced by Three
Centimeter Pulsed Microwave Irradiations(Arch. Ophth)〕

중하고 거기에 장해를 일으킨다.

열은 눈 전체에 균일하게 분포하는 것이 아니라, 그 주파수
의 전파에 공진한 부위, 이른바 핫 스팟(Hot Spot)에 집중한다.
이 핫 스팟이 〈그림 11〉에 보였듯이 주파수에 따라 이동한다.

500MHz 이하의 전파에서는 눈의 손상은 보고되어 있지 않
다. 그러나 그 가능성을 부정할 수는 없다.

백내장의 원인은 순전히 열 효과이다.

그런데, 열을 전달하는 성질이 있는 전자기파로는 적외선이
있다. 이 열적외선에 의해서도 백내장이 발생한다. 열작업을

수반하는 유리 공장에서의 백내장은 유리공 백내장이라는 이름
으로, 일찍이 1739년에 하이스터(Heieter)가 보고하고 있다.

신경성 비분비계에 대한 영향

단순한 전파의 열작용으로부터 생리적인 전파 효과로 이야기
를 옮겨 보자.

생체 기능에 있어서 내분비계와 신경계의 상호 작용은 중요
하다. 전파 내분비계와의 관계 해명은 간단하지 않지만 부신
기능, 갑상선, 당질의 대사, 혈청 전기장 등의 면에서부터 조금
씩 밝혀지고 있다.

예를 들면

3GHz, 1㎠당 10㎽인 전파를 개에게 쬐면 부신 피질 스테로이드
레벨의 증대, 혈중 칼륨의 감소, 혈중 나트륨의 증대가 인정되었다
[페트로프(I. R. Petruvo) 등, 1970].

3GHz, 1㎠당 5㎽의 전파를 토끼에게 쬐었더니, 갑상선의 기능이
높아졌다[바랜스키(S. Baranski), 1973].

2.87GHz, 1㎠당 10㎽의 전파를 하루 6시간씩 6주간을 쥐에게
계속하여 쬐었더니, 황체 형성 호르몬 레벨이 증대했다[파커(L. N.
Paker), 1973].

이들 현상은 마이크로파가 눈의 시상 하부(視床下部)에 열적
상호 작용을 일으켜, 하수체나 그 밖의 다른 기관을 자극하여
그 결과, 다른 내분비계에 영향을 미치는 경우와 마이크로파에
의한 신체 속의 불균일한 열분포로 말미암아 열 집중이 일어나
그 특정 기관에 직접 영향이 나타나는 경우가 생각되고 있다.

마이크로파에 의한 이 내분비계의 변화는 생리적인 반응이며, 병적인 것이라고 생각되지는 않는다. 또 이들 마이크로파 반응은 열 스트레스를 신체나 그 특정 기관에 주었을 때의 반응과 닮았다고 한다.

그래서 내분비계에는, 마이크로파는 열작용으로서 작용하고 있는 듯이 생각된다.

저주파 영역에서도 보고가 있다.

4kHz, 2~3mT의 자기장을 15Hz로 변조한 저추파 자기장에 의해 췌장에서의 인슐린 제조가 35% 낮아진다(조리, 1983).

60Hz, 10kV/m의 초저주파 전파에 의해 부신 호르몬, 코르티코스테론의 생산이 3배로 증가한다(리망그로버, 1983).

이들 저주파나 변조된 전파에 의한 효과는 열작용과는 다르며, 신체 신호계에 어떤 작용을 끼치고 있는 것에 기인하는 것이라고 생각하는 사람도 있지만, 앞으로의 문젯거리이다.

신경, 행동계에 대한 영향

전파가 신경과 행동계에 주는 효과는 생체 작용에서도 가장 관심이 높은 영역이다.

1950년대 동양에서의 연구에 의하면, 저전력의 전파라도 인간에게 신경 쇠약 증상을 일으키고, 또 작은 동물에서는 조건반사의 정지나 행동상의 변화를 볼 수 있다고 한다. 이들 동양쪽의 연구에 대한 과학적인 진위의 판단은 앞으로의 연구를 기다려야 한다고 하더라도, 여러 가지로 알고 싶은 일들이다.

그런데 신경과 행동계에 대해서도 고전력 밀도의 전파에서는

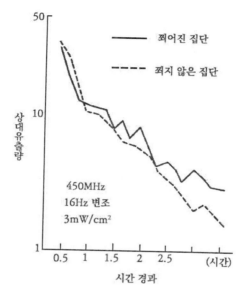

〈그림 12〉 변조 전파를 쪼인 것에 의한 고양이 뇌로부터 나오는 칼슘 유출량
〔E. Lerner, Bio logical effects of electroagnetic fields(IEEE Spectrum)〕

열작용이 일어나는 것은 상상할 수 있다. 그러므로 그보다 중
전력, 저전력인 경우를 살펴볼 필요가 있다. 그리고 마치 이에
대답이라도 하듯이, 1980년대에 들어와서 저전력 밀도 전파에
의한 비열 효과로 생각되는 결과가 서양 측 여러 나라에서 잇
달아 밝혀지기 시작했다.

가장 주목된 결과는 초저주파에서 변조된 1㎠당 수nW(나노와
트)의 마이크로파나 수 V/㎝인 전기장의 초저주파 전자를 쬠으
로써, 각종 동물의 뇌세포로부터 칼슘 이온이 유출하는 사실이
확인된 일이다. 칼슘 이온은 신경 세포의 세포막에서 정보를 전
달하는 전기 펄스의 컨트롤에 없어서는 안 되는 것이라고 한다.

한 예를 들면, 450MHz, 1㎠당 3㎽를 10㎐의 초저주파로 변조한 전파를 고양이에게 쬐었을 때, 뇌신경 세포로부터의 칼슘 유출량이 증대한다[아뒤(W. R. Adey), 1981]. 그 상태를 〈그림 12〉에 보였다.

이 현상의 열쇠는 쬐인 전파가 변조파라는 점에 있다. 이 전파의 변조파 성분만을 추출하여 그것을 쬐어도 같은 현상이 일어난다.

1~75㎐, 50~100V/m의 초저주파 전파를 고양이에게 쬐자, 역시 칼슘의 유출량에 변화가 보였다[배원(S. M. Ban), 1976].

변조된 전파가 신체 안으로 들어가면, 어디에선가 그것이 검파되어 변조파가 분리되어 추출된다. 그리고, 그것이 전기 작용을 일으키고 있는 것 같다.

이들 실험에서의 16㎐는 고양이의 뇌파의 중심 주파수이다. 이때 신경 세포막에서 무엇이 일어나고 있으며, 칼슘의 유출이 구체적으로 무엇을 의미하고, 무엇을 일으키게 하는가? 이것들이 앞으로의 문제로 남아 있다.

신경과 행동계에 대해서는 또 여러 가지의 연구가 있다.

147MHz, 1㎠당 1㎽의 전파를 고양이에게 쬐고, 이때 전파를 고양이의 뇌파와 같은 주파수로 변조하자, 고양이의 뇌파에서 변화가 보였다[배원, 메디치(R. G. Medici), 1972].

40MHz, 1㎠당 4㎽의 50㎐로 변조된 전파를 생쥐에게 쬐었더니 2시간 후에 뇌파에 변화가 보였다.

7㎐, 10~50V/m의 초저주파를 시간 간격(응답 간격)을 학습시킨 원숭이에게 쬐면 응답 반응이 빨라진다(메디치). 전파가 어

면 경과를 거쳐 뇌간부에 영향을 미치고 있는 것일까?

또 강력한 초저주파 전파를 쥐의 뇌의 해마상(海馬狀) 돌기의 절편에 작용시키면 신경을 전도하는 전기 파형이 변화를 받는다는 것이 알려져 있다(배원).

신경 행동계에는 강력한 직류 자기장도 관계한다.

0.6T의 강력한 자기장을 쥐에게 쬐면, 이른바 리어링(Rearing, 일어서는 행동)에 대하여 야간의 활동이 억제되었다. 이 상태는 자기장을 쬐인 후에도 얼마 동안 계속되었다〔나카가와(中川), 1986〕. 이 리어링은 쥐의 활동 능력을 나타내는 지표로 되어 있다.

0.3T의 강력 자기장을 3~4일간 생쥐에게 쬐면 물을 마시는 양과 소변의 양이 많아진다(나카가와).

0.08T의 자기장을 토끼의 뇌에 쬐면 진정 작용이 인정되었다〔홀로도프(Kholodov)〕는 예도 있다.

조혈, 면역계에 대하여

고전력 밀도의 전파에서는 여러 가지 보고가 있다. 그 중에서 가장 극단적인 것이, 1962년의 프라우스니츠(S. Prasunitz) 등의 보고이다.

9.27GHz, 1cm²당 100mW의 전파를 100마리의 생쥐에게 매일 9.5분씩 59주간을 쬐인 결과, 림프구와 백혈구의 증가가 보였고 35%가 백혈병이 되었다(전파를 쬐지 않은 쪽에서는 10%). 이 실험은 그 후 누구도 추시하지 않았다.

1980년대가 되어서는 저전력 밀도의 전파에서도 면역계에 작용을 한다는 사실이 밝혀지기 시작하였다.

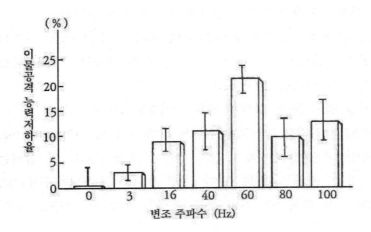

〈그림 13〉 T형 림프구에 450MHz대의 변조파를 쬐었을 때의 이물 공격 능력
의 저하율 〔E. Lerner, Biological effects of electromagnetic
fields(IEEE Spectrum)〕

　450MHz, 60Hz 변조 전파를 쥐에게 쪼인 결과, T형 림프구의 이
물(異物) 공격 능력이 20% 낮아졌다[라일(D. Lyle), 1982].

　이 현상은 〈그림 13〉에서 보듯이 특정 변조 주파수의 특정
주파수(60Hz)에서 두드러지게 나타나 있다. 이와 같은 주파수
의존성은 특이한 현상이며 창 효과(窓刻果)라고 한다. 생체의 반
응은 이 창 효과에서 보듯이 단순한 것이 아니다. 창 효과에
대해서는 7장('창문 효과란?' 참조)에서도 설명한다.

　면역(免疫)에 대해서는 장시간을 쬐는 데에 흥미가 간다.

　2.45MHz, 1㎠당 0.5㎽, 8Hz의 변조 전파를 25개월 동안 쥐에
게 쪼인 실험이 있다[초우(C. K. Chou), 1983].

　그 결과에 따르면, 그 실험 기간 중 행동 대사, 혈액 화학,

면역 반응에는 전혀 이상이 발견되지 않았다. 그러나, 실험 도중의 단계에서 B, T형 림프구의 증가가 관찰되었지만 마지막 단계에서는 그들은 정상값으로 되돌아와 있었다. 그러나 그 최종 단계에서 부신의 비대가 인정되었다고 한다. 이들 사실은 무엇을 의미하는 것일까? 좀 더 조사해 볼 필요가 있을 것 같다.

악성 종양에 대해서는 어떨까?

2.45GHz, 1cm²당 0.5mW(0.2~0.4W/kg)에서 반복 주파수가 8Hz인 특수한 펄스 전파를 100마리의 쥐에게 하루 21시간씩 25개월을 쪼인 결과, 18마리가 악성 종양이 되었다(대상군에서는 5마리)는 보고가 있다(거이 등, 1984).

이 실험례만으로 보면, 장시간을 쬐는 것이 종양의 원인이라고 생각할 수 있을 것 같다. 그러나 실험자들은 그렇게는 해석하지 않는다. 18마리라는 수는 이 계통의 쥐의 악성 종양의 일반적인 발생률과 같은 정도의 수이다. 또 종양의 발생 부위도 신체 중에서 일정하지 않다. 이 실험에서는 155개 항목의 조사가 실시되었지만 종양 이외의 항목에 대해서는 특별히 주목할 만한 의의가 있는 차이는 인정되지 않았다. 그러므로 종양에만 주목하는 것은 어떨까 하는 의견이다.

그러나 그 해석에 대해서는 문제가 있다고 하는 연구자도 있다. 다른 실험 결과와 그 실험 결과의 대상군에는 혼동이 있지 않을까? 그 실험에서는 종양 부위가 내분비계에 집중되어 있지 않을까? 실험자들의 스폰서가 군(軍)이기에 말하고 싶은 것도 말을 못하고 있는 것이 아닐까 등 매우 준엄하다. 그러나 어느 쪽의 입장에서도 경솔한 판단만은 금물이다.

68

세포수준의 유전계에 영향이 있을까?

유전의 문제도 중요한 연구 과제이다.

세포 수준에서의 생체 효과 연구는 세포를 생체로부터 추출하여 실험할 수 있고, 생체 외의 안정된 실험 환경에서 그 현상에만 착안할 수 있다. 그래서 그 현상을 원리적으로 이해하려 할 때에는 생각하기 쉽다.

예를 들어

3GHz, 1㎠당 3㎽의 펄스 전파 또는 3GHz, 1㎠당 7㎽의 연속파를 원숭이의 간세포에 쪼인 결과 유사분열(有絲分製)의 어느 단계에서 염색체에 이상 변화가 관찰되었다[바란스키(S. Baranski), 1971].

토끼의 림프구에 3GHz, 1㎠당 3㎽의 전파를 하루 3시간씩 3개월 동안 계속 쪼이면, 유사 분열 이상이 일어났다(바란스키, 1972)는 등의 보고가 있다.

그러나 집쥐의 간장 미토콘드리아에 2.45GHz, 1㎠당 10W의 전파를 3시간 반 쪼여도 DNA의 합성 능력에는 변화가 없었다는 부정적인 실험례도 있다[엘더(J. A. Elder) 등, 1975].

높은 레벨로 쪼이면 명백히 변화가 인정된다. 세포 내의 단백질이 열에 의해 변성하기 때문에 당연하다. 따라서 낮은 레벨로 쪼였을 때가 연구로서는 흥미가 많지만 거기서는 왠지 모르지만 현상을 보기 어렵고 보였다 안 보였다 한다.

그런데 세포 수준의 변화는 생물학적 변화의 초기 단계이기는 하지만 유전적인 것으로 직결시키기 위해서는 아직도 많은 단계를 거치지 않으면 안 된다.

특정한 밀리미터파의 주파수, 그것도 근소한 주파수 범위의 전파가 염색체의 절단에 관계한다는 보고도 있다. 미묘한 측정 기술이 요구되는 실험이므로 앞으로의 추시 실험이 기대된다.

생식, 성장계는 어떠할까?

고환 기능이나 태아의 성장에 미치는 마이크로파의 효과는 여러 가지가 보고되어 있다.

먼저 암컷에 대하여 살펴보자.

2.45GHz, 1㎠당 10㎽(체중 1㎏당 2.2W)의 전파를 임신 후 3~19일이 된 쥐에게 하루 한 시간씩 계속하여 쬐었더니, 태어난 새끼의 체중과 뇌의 중량의 감소가 관찰되었다[쇼어(T. Shaw) 등, 1977].

그러나 한편에서는 그보다 강한 체중 1㎏당 3.5W의 전파를 쪼인 같은 실험에서 아무 일도 일어나지 않았다는 보고도 있다.

이와 같은 체중 등의 감소는 기형 발생 직전에서 일어난다고 한다.

또 임신 중인 쥐에게 전파를 쬐면 출산 때에 새끼를 잡아먹는 비율이 증가한다고도 한다[사이토(承藏), 1988].

다음은 수컷에 대하여 알아보자.

생쥐에게 1.7GHz, 1㎠당, 10㎽의 전파를 100분 동안 쬐면, 고환의 구조 변화, 수정관 표면의 상피 세포의 변성이나 성숙 정모세포(成熟精母細胞)가 급격히 감소하는 것이 인정된다.

이들의 감소는 열 스트레스에 민감하여 온도를 높여가면 정자 형성이 저지되지만, 세포의 괴사(壞死)가 일어나지 않으면 형성 기능은 회복한다고 한다.

그런데 생식이나 성장에 대해서는 고전력 밀도의 전파에 의한 열 스트레스뿐일까? 그것에 대한 새로운 의문이 1980년대 가 되어 제출되었다.

생쥐에게 915MHz, 2.45GHz, 2.45GHz, 9.4GHz의 전파(체중 1kg당 50㎽)를 하루 30분 쬐고, 그것을 1주에 6일씩, 2주간을 계속하면 4~12%의 쥐의 정원세포(精原細胞)의 염색체에 이상이 발견되었다고 한다. 그러나 27MHz의 전파에서는 이상이 발견 되지 않았다(크렐스키 등, 1983). 이러한 현상은 인간으로 생각 하면 다운증후군에 해당한다고 한다.

또 다른 쥐의 실험에서는 1㎠당 1㎽의 전파를 쬐었을 때 임 신한 쥐의 20%가 유산했다고 한다. 이것은 보통의 유산율의 4 배에 해당한다.

이들 현상의 원인은 DNA의 분자 흡수에 의한 것이 아닐까 하고 생각되고 있다.

초저주파에서는 어떨까?

상용 주파수 60Hz, 30kV/m의 전파를 4년 동안 작은 돼지에 계속하여 쬐인 실험이 있다.

그 실험에 의하면 4개월 후에 태어난 새끼에게는 기형이 발 견되지 않았지만, 18개월 후인 두 번째의 출산에서는 보통의 2 배나 되는 기형이 나타났다. 그리고 또 첫 번째에 태어난 정상 돼지의 새끼에서도 역시 2배나 되는 기형이 태어났다. 그러나 다음번의 출산에서는 기형률은 보통 레벨로 되돌아왔다〔필립스 (R. D. Phillips) 등, 1983〕.

이들 결과에 대한 판단은 앞으로 해결해야 할 문제이다. 이 실험에서 사용한 전기장값은 인간의 경우로 환산하면 10kV/m 에 해당한다고 한다.

또 쥐에 대한 실험에서는 60㎐, 15㎸/m를 1개월 동안 쬐면 성장 지연이 인정되었고, 5㎸/m에서도 뼈의 성장 부진이 나타났다는 보고가 있다[마리노(A. A. Marino), 1976]. 그러나 여기에 대해서는 다른 실험자에 의한 상반되는 결과 보고도 있다.

전파와 비교하는 의미에서 직류 자기장에서는 어떻게 될까?

쥐에 대한 직류 자기장에서의 예는, 0.03~0.8T의 자기장을 가하면 임신하기까지 시간이 걸리고(수컷의 힘이 약해지는지?) 또 임신 기간의 연장이 인정되었다. 또 출산 때에 출산의 실패에 의한 사산(死産)이 많다고 한다(나카기와, 1798).

저주파의 자기 펄스를 계란의 배(胚)에 쬐면 기형률이 증가한다[델가도 (J. Delgado)]는 보고도 있다.

인류를 둘러싸는 지구 규모의 슈만 공진

지구의 주민인 우리 인류는 지구 탄생 이래 계속하여 존재해 온 지구 전자기장의 영향을 받고 있다. 이 사실은 뜻밖에도 인식이 되어 있지 않다.

그런데 대기 상층부의 공간에는 태양으로부터의 자외선에 의해, 기체가 전리를 일으키고 있는 전리층이 있다. 이 전리층은 D, E, F 등으로 불리는 층 모양으로 나뉘어져 있고, 무선 주파의 전파 등에 대해서는 거울과 같이 작용하여 전파 반사체로서 각종 작용을 하고 있다.

그 중에서 최하층의 D층이라고 불리는 권리층과 대지 사이에서는 초저주파의 전파가 서로 반사하여, 전 지구적인 규모의 전파 공진 현상이 일어나고 있다. 이와 같은 공진 현상은 슈만 공진(Shumann Resonance)이라고 불린다. 우리로 보면 매우 규

자기를 끊으면 인간의 하루 일주 리듬도 길어진다

모가 큰 이야기이다. 그러나 1초 동안에 지구를 7.5회나 도는 전파의 레벨로 보면 보통의 현상이라고 해도 좋다.

그 공진 주파수는 7.8㎐, 14.1㎐, 20.3㎐, 26,4㎐, 32.5㎐이다. 크기는 전기장에서 1㎷/m, 자기장에서 10μA/m, 100만분의 1mT 정도라는 것이 알려져 있다.

지구상에서는 지구 규모로 천연적으로나 또는 인공적으로 어떤 형태로 전파가 항상 발생하고 있고, 그들 전파 중에서 슈만 공진 주파수의 전파만이 증폭 보존되어 계속 존재해 왔다.

그런데 이 슈만 공진의 전파는 지구 전리층이 형성된 태고의 그날부터 존재해 왔다. 진화론적으로 보아 우리의 생체 리듬이 이 주파수와 관계가 있어도 이상하지 않다. 사실 그러한 것 같다는 것이 최근 25년 정도 사이에 여러 가지로 밝혀져 왔다.

달을 향해 인류가 전진하려 하고 있던 아폴로 계획이 한창이던 때의 일이다. 베버(E. H. Weber)는 1967년에 지하에 자기차폐(磁氣遮蔽)를 한 실험 가옥을 세워 자기(磁氣)와 인간의 관계를 조사하고 있다.

이것에 따르면 자가 차폐를 한 곳에서 한 달 동안 생활하면, 인간 하루의 일주(日周) 리듬이 20분 길어지고, 또 바이오리듬에도 변화가 일어난다는 것을 알았다.

당시 미국 항공우주국 NASA에서는 우주 공간을 날아다니는 고에너지 입자로부터 인체를 보호하기 위하여, 고에너지 입자를 자기장으로 차폐하는 연구가 활발했고, 자기 차폐를 한 우주선 내에서의 인체 생리에 대해 관심이 집중되어 있다. 또 달 표면에서의, 지구 위에서보다 훨씬 작은 자기(磁氣) 환경에 대해서도 흥미가 있었다.

그 후 베버는 1973년에 10㎐, 2.5V/m의 미약한 펄스 모양의 초저주파 전파에서, 인간의 생활 일주기(日週期)가 2시간 반이나 처진다는 것을 확인하였다.

이것과 관계하여 라이터(R. Reiter, 1953)나 해머(J. R. Hamer, 1965, 1969)는 인간의 광반응(光反應)에 대한 모스(S. F. B. Morse)의 키에 의한 광응답 반응에 대한 반응 시간을 조사한 실험을 하였다. 이것에 의하면 3㎐의 초저주파 전기장 속에서는 인간의 반응 시간이 늦어지고, 12㎐에서는 빨라진다는 것이 제시되었다. 그것도 자연계의 자기장을 흉내 낸 극히 작은 진폭 레벨의 초저주파에서 일어난다고 한다. 이 사실은 그 뒤 학습된 원숭이의 실험에서도 확인되었다(메디치). 이 부근의 주파수는 뇌파인 델타파나 알파파에 대응하고 있다.

그런데 슈만 공진 주파수와 인간의 뇌파 스펙트럼을 살펴볼 때, 비전문가의 눈으로 보아도 이상한 우연을 알아채게 된다. 뒤에 나오는 7장 〈표 28〉에 보였듯이 뇌파의 θ(세타)파, α(알

74

파)파, β_1(베타1)파, β_2(베타2)파의 존재 범위는 슈만 공진 주파
수에 의하여 왠지 분리되어 있다. 인간과 지구의 깊은 관계를
여기서 느끼지 않을 수 없다.

쾨니히(H. L. König)는 슈만 공진의 스펙트럼과 뇌파의 알파
파 스펙트럼 분포, 그리고 지구 자기(地球磁氣) 이상의 스펙트럼
과 뇌파의 시타파의 스펙트럼 분포가 닮았다고 지적하고 있다.

그런데 지구 자기 변화는 우리의 건강에도 미묘하게 관계하
고 있는 것 같다.

대기 층의 약한 전기장, 자기장의 0~5㎐ 근처에서의 미묘한
요동이 인간 생활에 주는 영향을 착실하게 조사하고 있는 그룹
도 있다.

지구 자기 변동이 심장 혈관계, 각종 전염병, 신경병, 눈병
(녹내장) 등의 발병에 영향을 끼친다는 것은 의학 관계자들 사
이에서는 잘 알려진 사실이다.

지구 자기 변동의 2일 후에 병원에 입원하는 사람의 수가 늘
어나고, 인간의 사망률이 증가한다는 지적도 있을 정도이다〔덜
(T. Dull), 1935〕.

지구 자기의 생체 효과에 대해 더욱 흥미를 갖는 분은 블루
백스 『생물은 자기를 느끼는가?』〔마에다(前田坦) 저〕를 읽어 보면
참고가 된다.

기상과 전기 현상

우리는 날씨가 개이면 기분이 좋아지고, 날씨가 나빠지면 불
쾌해진다. 그 원인은 아무래도 전기 현상에 있는 듯하다.

맑게 갠 날의 대기의 전위 경사도(電位傾斜度)를 조사해 보면,

대지가 음전위로 되어 있다. 이것을 모방하여 인간을 음전기장 속에 넣어 실험해 보면, 머리 위에 음전극을 놓으면 피로가 적어진다는 것이 알려져 있다.

그렇게 말하고 보면, 온천 주위에는 이상하게도 음이온이 풍부하다고 한다.

인간에게 있어 음이온은 진정 작용이 있고 최면, 땀의 억제, 기침을 멈추게 하는 등의 작용이 있다고 한다. 한편, 양이온에는 자극·흥분 작용이 있어 두통, 불면, 혈압 항진 등을 일으킨다.

이 이온 효과는 이미 실용화되어 있다. 정신, 신경과의 대합실에 음이온 발생 장치를 두면, 그곳의 분위기가 릴렉스되어 치료 효과도 올라간다고 하여 일부에서 쓰이고 있다.

계절의 변화나 전선(前線)의 통과와 질병의 발생, 재발생에 대해서도 관계가 있다는 것이 여러 가지로 이야기되고 있다. 그 하나의 해석으로서 대기의 이온 분포의 변화가 있다.

대기 속의 미립자 등은 대기의 이동이나 난류에 의한 마찰 작용 등에 의해 항상 이온화되어 있다. 그리고 이 이온에 의해 대기 중에 정상적으로 약 100V/m의 대기 전기장이라는 것이 형성된다. 이들 이온의 이동으로부터 이른바 대기 전류(大氣電流)가 발생한다. 대기에는 언제나 전류가 흐르고 있다.

이 대기 전류는 생체에 각종 영향을 끼치는 것으로 알려져 있다. 박테리아의 증식을 억제하는 작용이 있다는 것은 이미 확인되어 있다. 암의 증식, 전이에도 관계된다고 한다.

다음은 번개다.

번개의 생체 효과는 대형 임펄스 전류에 의한 낙뢰 감전 사고를 머리에 떠올린다. 동물에게 해를 끼치고 심리적인 불안을

번개가 떨어지면 표고버섯이 잘 돋아난다

주는 이미지이다. 그렇다면, 이 번개에는 유익한 부분은 없을까? 실제로는 있다.

표고버섯 재배용 토막나무를 놓아둔 곳에 번개가 치면, 그 부근의 토막나무에 이상하게도 표고버섯이 발생한다. 이 사실은 예로부터 경험적으로 알려져 있었다.

이 사실은 번개가 아닌 실험실의 고전압 방전에서도 이미 확인되어 있고[오모리(大森), 1982], 지금은 표고버섯의 전기 재배법의 실용화에 대한 연구가 행해지고 있다.

번개는 자연의 방전 현상이다. 번개가 많이 치는 해는 공중 질소가 고정되어 천연의 질소 비료로 되기 때문에 식물이 잘 자란다. 종전에는 그런 간접적인 이미지였던 것으로 생각된다.

그런데 생물도, 번개를 직접 느낄 수가 있을까?

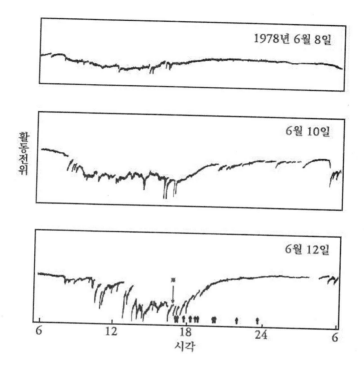

〈그림 14〉 야외 자귀나무의 전위 변화: 6월 12일 17시경(＊표) 미야기(宮城)현
난바다의 지진 발생. 화살표는 여진〔도리야마(鳥山英雄, "식물의 불가사
의한 센심"「에레키테트」〕

　자세히 관찰해 보면 소나기구름이 자욱한 교회의 피뢰침 곁에
곤충의 큰 무리가 몰려왔다가 날아가 버리곤 하는 현상을 볼 수
있다. 피뢰침에 전기장이 생기면 곤충을 끌어들이고, 방전하여
전기장이 없어지면 날아가 버리는 것으로 생각되고 있다(윗슨,
1983).

식물에서는 어떨까?

19세기 후반 오로라와 지구 자기의 전문가 렘스트룀(S. Lemström)은 노르웨이의 스피츠베르겐을 탐험하고 있었다. 그 때 고위도임에도 불구하고 식물이 예상외로 많이 자라고 있는 것에 놀랐다. 그곳 주민들은 여름의 낮 시간이 길기 때문이라고 설명했다. 그러나 그는 학자였다. 그러한 사실에 대해 자기의 전문인 전자기 현상, 오로라에 기인한다고 생각했다. 그리고 전나무의 나이테 조사를 실제로 해보고서, 오로라가 잘 보이는, 태양 활동이 활발한 해에는 나무가 잘 성장한다는 것을 확인했다.

센서(Sensor)로서도 생물의 힘이 관심의 과녁이 되고 있는 예가 있다.

지진이 있기 전에 자귀나무의 활동 전위에 〈그림 14〉에 보인 것과 같은 스파이크 모양의 전위 변화가 나타난다는 것이 알려져 있다[두리야마(鳥山), 1982]. 자귀나무는 번개나 화산 활동을 예고한다는 말도 있다.

생체에 대한 직접 효과에 대해서는 조사해 보면 아직도 많이 있는지 모른다.

생물의 자기 감각

생물 중에는 자기장을 검출하여 항법(航法)에 이용하고 있는 것이 많다.

자기력을 느끼는 물질인 자철광 성분은 꿀벌의 복부[글루드(J. L. Gould) 등, 1978], 비둘기의 머리 부분[월콧(C. Walcott) 1977], 자성(磁性) 세균[칼미진(Kalmijn) 등, 1977] 등으로부터 검출되어 있다.

자기를 느끼는 물질은 검출되지 않았지만 제비 등의 철새를 정밀하게 잔류 자기 측정을 하면 기력 발생원이 있다[프레스티(D. Presti) 1980)]는 것도 알려져 있다.

이런 사실로부터 새는 자기(磁氣) 컴퍼스를 가지고 있다고 생각해도 될 것 같다.

물고기에서는 회유어(回遊魚)인 연어의 머리에서 자기를 감지하는 물질이 추출되었다[사카키(榊)].

물고기는 1~30mT의 자기장에서 조건 반사가 있다는 보고도 있다. 아무튼 물고기에도 자기를 감지하는 능력이 있는 것 같다.

고등 동물에서는 어떨까?

잔류 자기를 측정해 보면, 원숭이는 작은골(소뇌) 부근, 사람은 부신 피질 부근에 자기가 있다고 한다[커슈빙크(L. Kirschvink)].

인간을 이용한 방향 검출 실험도 있다[베커 (B. Becker)].

눈을 가린 학생을 버스로 수십 킬로미터나 이동시켜 조사해 본 결과, 상당한 수의 학생이 출발점의 방향을 바로 가리켰다. 그러나 이때 지구 자기를 교란시키기 위한 작은 자석을 몸에 지니게 한 그룹의 학생이 가리키는 방향은 아주 엉뚱하였다고 한다.

좀 특수하지만, 이른바 서양의 두 가닥으로 갈라진 나뭇가지를 사용하는 물을 점치는 점쟁이를 조사한 결과에 대해 살펴보자.

로카드(Rocard)에 의하면 서양의 물점쟁이는 점치기용 막대를 사용하여 정지한 물이 아니고 흐르는 지하수를 찾아낸다고 한다. 그의 조사에 따르면 지하를 흐르는 물이 전류를 발생하고 그 결과 대지 표면에 극히 미약한 자기장 변화를 일으킨다. 점쟁이는 이 변화를 감지한다는 것이다. 또 점쟁이가 자기를 감지한다는 근거로는, 땅속에 묻힌 폭탄, 번개로 자화된 현무암 등이 존재하는 곳에서도 변화를 감지했다는 것을 들고 있다.

자기 측정 결과에 의하면 조사한 점쟁이는 $0.01\mu T/m$의 자기 변화를 감지하고, 그 감각은 $5\mu T/m$에서 포화했다고 한다.

또 다른 사람은 점쟁이의 신체를 부분적으로 자기 차폐해서 실험을 했다. 그 실험에서는 흉골에서부터 배꼽에 걸친 위치를 차폐하면 점치기용 막대로는 감지할 수 없게 되었다고 한다. 그래서 인체에서 자기를 느끼는 곳은 자율 신경의 태양 신경총(집막)이 아닐까 하고 생각하는 사람도 있다. 앞에서 말한 커슈빙크가 측정한 것과의 사이에 어떤 관련성이 있다면 재미있을 것이라고 생각된다.

자기에 대해 옥수수나 까치콩의 씨앗은 자극을 감지하는 것 같다. 자석의 N극으로 씨앗의 방향을 가지런히 하면 그들의 성장이 빨라진다는 것이 알려져 있다[피트먼(U. J. Pittman), 1965].

생물의 전파 감각

자기 감각이 있으면 초저주파의 전파 감각이 있는 등 이상할 것이 없다.

어떤 종류의 철새가 70㎐ 전후의 초저주파 전파실험국 곁을 날아 갈 때는, 그 비행 방향이 5~20도가 변화했다고 한다(5장 '생인 계획' 참조).

생물의 전파 감각은 물고기에 대해서는 꽤 조사되어 있는 듯하다.

용상어가 해상에 가설된 110kV의 송전선 밑을 통과했을 때 운동 방향과 속도를 바꾸었다는 보고가 있다.

미국뱀장어나 대서양의 연어는 7~50mV/m의 전기장을 느낀다. 메기는 0.1mV/m에서 전기장을 느끼고, 전기 물고기인 나이프 고기(Fish Knife)는 놀랍게도 1cm당 1억분의 3V의 전기장에 반응한다고 한다.

이들 물고기의 감각은 10Hz 이하의 주파수에서 두드러진다는 것이 확인되어 있다. 메기와 지진과의 관계에 관한 소문도 이런 데에 관계가 있는지도 모른다.

우리 인간 중에도 매우 특이한 사람이 있는 것 같다.

2kV/m의 전기장이나 3kV/m에서의 방전을 감지하는 사람이 드물게 있다고 한다.

라디오 방송이 들려서 괴롭다고 말하던 사람의 귀 속에서 전파의 검파 작용이 있는 물질이 발견되었다는 이야기도 있다.

우리의 손목에도 특별한 부위가 있는 듯하다. 맥을 잡는 두 개골 동맥에서 약 10cm쯤 떨어진 정중 신경(正中神經)에 자기 펄스를 쬐면 엄지손가락의 죽지 부분에 짜릿짜릿한 감각이 일어난다고 한다.

4장
전파로 병이 치료될까?

우리 신체는 전기로 컨트롤되고 있다.

어떠한 원인으로 그 밸런스가 깨지면 병이 된다.

그럴 때에 신체의 외부에서 내부를 향해 전기를 가해주면

신체의 상태가 회복되지 않을까?

적당한 세기의 전기나 전파는 신체에 도움을 줄 수도 있을 것이다.

병을 치료할 수 있지 않을까?

그것을 생각해 보자.

전파는 무서운 것만은 아니다.

정전기장 치료법—프랭클린 요법

전기 현상이나 자기 현상은 전기나 자기가 눈에 보이지 않는 만큼 어쩐지 이상한 현상으로 느껴진다. 한편 우리 신체는 신비한 덩어리다. 선인들은 이들 사이에 관련이 있다고 생각했다. 전자기 현상을 이용한 의학 치료법은 역사적으로 살펴보았을 때 매우 자연스러운 발상인 것 같다. 4장에서는 전기와 전파 요법에 대해 설명하겠다. 우선 정전계를 이용하는 것에서부터 시작한다.

정전기전기(靜電起電機)로 고압 정전기장을 발생시키고, 이것을 방전시킨 전기 쇼크나 전기 진동을 이용하는 것이 정전기장 치료법이다. 이 치료법은 그 발안자를 기념하여 프랭클린(Franklin) 요법이라 부르고 있다.

이 치료법이 실제로 의사들 사이에서 이용되기 시작한 것은 전기를 저장하는 라이덴병이 1745년에 발명된 후부터이다.

우선 레이던병을 발명한 뮈스헨브루크(P. Musschenbroek)가 느꼈던 전기 쇼크 체험에 대해 살펴보자. 그는 "프랑스의 왕을 시켜준다고 한들, 저 무서운 체험은 두 번 다시 하고 싶지 않다"고 친구들에게 편지를 보냈다. 그의 경우, 전기 쇼크의 영향이 그 후 수일 동안 남아 있었다고 한다. 그 얼마 후에, 전기 쇼크의 작용으로 작은 동물에게 전기를 통하면 죽는다는 사실이 알려졌다.

이 전기 쇼크는 그 후 구경거리, 전기 놀이로서 퍼지고, 이윽고 전기의 생리 작용에 대해서도 알 수 있게 되었다.

의사들은 이 전기 쇼크의 생리 작용에 기대를 걸고 여러 가지로 조사하였다. 그 결과 전기 쇼크에는 마비, 졸중, 류머티즘 등의 치료에 어느 정도의 효과가 있다는 것이 알려졌다. 만능의 치료법이라고 믿었던(?) 의사 중에는, 죽은 사람에게 전기를 가해 소생시키는 실험을 시도한 사람도 있었다. 그리하여 많은 경험이 얻어졌을 것이다. 1745년에는 크라첸슈타인(Kratzenstein)에 의한 전기 치료에 관한 책이 재빠르게 출판되었다.

이런 종류의 전기 치료법은 서양인의 손으로 얼마 후 일본에도 전해졌는데, 에도(江戶) 시대의 『고모단(紅毛談)』(1765)에 '마찰 기전기는 여러 가지 통증이 있는 환자의 아픈 곳으로부터 불을 잡아내는 기계'라고 씌어 있는 것은 그 요법을 일컫는 것이다.

마찰 기전기의 장치를 복원한 히라가(平賀源內)는 네덜란드인의 통역으로부터 이 요법을 들은 풍월로 들었을 것이지만, 그는 친구에게 전기 치료를 권하고 있다. 그때 "약을 먹는 것과는 달리 효험은 없어도 해는 되지 않는다"고 말했다.

그런데 현대에 이 정전기 방전 요법은 어떻게 평가되고 있을까? 임상 결과로는 특이체질, 알레르기 체질의 개선에 유용하다고 알려져 있다. 그러나 실험 내용이 충분하다고는 말할 수 없으므로 앞으로의 지속적인 검토가 요망된다.

정자기장 요법

전기장 요법보다 일반적인 것으로는 자기 요법이 있다.

이 자기 요법의 역사는 오래다.

그리스시대에 사모트라케 지방에서는 자석 목걸이를 다는 습관이 있었다. 자기 요법을 목적으로 한 것인지, 나쁜 사람이 접근하지 못하게 하기 위한 일종의 호신용 부적이었는지는 확실하지 않다.

스콜라 철학자 마르보디(Marbodeus)는 자석으로 조합한 약을 미약(媚藥)이나 가출한 아내를 다시 돌아오게 하는 약으로 사용된다고 했다.

자기요법을 처음으로 말한 것은 그리스의 아에티우스(F. Aetius)이다. 그에 따르면 손발의 통증이나 경련에 시달리는 사람이 자석을 지니고 있으면 그 통증이 가벼워진다고 했다.

그 후에도 이런 종류의 자석의 이용은 연연히 이어졌던 것 같다. 15세기에 마르셀루스(M. C. Marcellus)는 치통에, 16세기에는 웨커(Wecker)가 두통에, 파라셀수스(P. A. Paracelsus)는 헤르니아와 부종에 자석을 이용하였다. 자기 이쑤시개와 자기 귀이개가 세상에 나타난 것도 그로부터 조금 후의 일이다.

그런데 이런 종류의 치료법은 당시의 사람들에게 효험이 있을 때도 있었고, 또 효험이 없을 때도 있었던 것 같다. 자세히 조사해 본즉 분명히 다른 원인인 경우도 있었다. 그 때문에 이런 종류의 자기요법은 차츰 쓰이지 않게 된 것 같다.

연금술(諫金術)을 부정한 영국의 근대적 의사인 길버트(W. Gilbert)는 자철광을 처방한 약을 먹으면 간장이나 비장(지라)의 비대증, 창백하고 안색이 좋지 않은 사람에게 효험이 있다고 말하였다. 이것은 현대서 말하는 철제(鐵劑)의 시조일 것이다. 그러한 그는 1600년에 출판한『자석론』에서 자석 즉, 자기력선에는 의학적 효과가 없다고 주장하고 있다.

어쨌든 암흑세계의 연금술로부터의 이탈이 유럽적인 근대 과학의 출발점이라고 할 수 있다.

그러나 전근대적인 이 연금술적 세계가 18세기에 다시 한

번 세상에 나타났다. 동물자기요법의 이름을 사칭하는 사기꾼 메스머(P. A. Mesmer)의 기괴한 최면 요법이 유행했던 것이다. 그에게 속은 경험에 진절머리가 난 것도 이유 중의 하나겠지만, 그 후 서양 세계에서는 정면으로 자기와 생체의 관계를 과학적으로 운운하는 일이 없어졌다.

과학적으로는 1888년의 헤르만(L. Herman), 1892년의 피터슨(F. Peterson)에 의한 당시로서는 대규모적인 실험에서, 자기는 생체에 아무런 영향을 끼치지 않는다는 연구가 발표되었다. 그런 사실도 관계가 있을는지 모른다.

그런 까닭으로 자기는 생체에 영향을 끼치지 않는다고 하는 생각은 현대의 서양 문화권에서도 계승되고 있다.

그러나 한편, 서양의 한 구석에서는 묵묵히 자기 치료의 연구가 계속되고 있었다. 1885년 베네딕트(M. Benedikt)가 마그넷 테라피(자기 치료)라는 말을 제안하고 있듯이 자기 생체 효과의 연구자도 결코 적지 않았던 것 같다. 그리고 조금씩 근대적인 연구로 나아가고 있었던 것이다.

그런데 자기와 생체 관계에 관한 근대적인 연구는 덴마크의 한센(K. M. Hansen)이 자기의 자을 신경에의 작용을 조사한 1930년대 후반 경부터 시작되었다고 해도 좋다. 그리고 우주 개발이 한창이던 1950년대 후반에는 항공 의학, 우주 의학의 입장에서 우주 자기장과 생체 관계에 관심이 높아져 연구의 피크를 맞이하였다.

그러나 현재도 여러 나라에서는 강력 자기장이 생체에 미치는 장해에는 관심을 갖고 있지만, 생체에 대한 의료 효과에 대해서는 인정하지 않고 있다.

그런데 일본에서의 자기치료 연구는 어떠할까? 좀 상세히 살펴보기로 하자.

일본에서의 자기치료 응용의 연구는 1957년경부터 시작하여 1963년에는 정상 자기장형(定常磁氣場型)의 것이 의료기구로 인정되었다. 그 기초연구는 아직 충분하다고는 할 수 없으나 민간요법으로는 널리 이용되고 있다. 플래스터형 자기치료기는 연간 100억 개 이상이나 생산되고 있다고 한다.

그 사용 방법은 동양 의학의 경혈(經穴)에 80~150mT의 자기장을 작용시키면 어깨 결림, 요통, 신경통, 50세에 자주 일어나는 견비통, 변비, 불면증 등에 효험이 있다는 경험에 기반을 두고 있다. 새로운 시도로서는 자기장을 눈에 작용시키면 눈동자의 피로가 회복된다는 것도 있다.

그 원리는 자기장에 의한 혈액의 이온화가 자율신경에 미치는 과라고 생각되고 있다. 그러나 이 자기요법이 전혀 듣지 않는 사람도 20% 정도 있다는 것이 조사를 통하여 알려졌다.

이 자기 치료기에 따른 부작용은 없을까? 그것에 대해서는 전혀 보고가 없지만, 자기에 의한 피부의 염증(자석을 펼쳐 붙인 반창고에 의한 염증이 아니다) 같은 것이 한 예만 발표되어 있다 [우라가미(滿上) 등, 1984].

또 그것을 사용하면 잠이 오지 않는다거나, 몸이 화끈거린다거나, 가려워진다는 등의 증상을 호소하는 사람도 극소수이지만 있다. 그러나 그런 감각은 시간과 더불어 없어진다고 한다.

자화수

보통 물에 자기장을 작용시키면 물은 어떻게 변할까? 잠깐

전자레인지로 데우면 술맛이 좋아진다?

시험해 보는 것도 재미있다. 이와 같은 물을 가리켜 그 분야의 전문가는 자화수(磁化水)라고 한다.

이 자화수에는 조사해 보면 놀라운 정말로 뜻밖의 작용이 있다.

물에 자기장을 작용시키면 그 물리적 성질, 이를테면 빛의 흡수율, 점성률, 전기 저항, 표면 장력, 자화율, 유전율, 전기 화학적 성질 등에 변화가 일어난다.

자화수의 공업적인 이용법은 1945년 페르마인(T. Vermeiren)에 의한 보일러 내의 물때 저감법의 특허로부터 시작한다. 물에 미리 자기장을 가하면, 끓더라도 물때가 생기기 어렵다고 한다. 그 후는 각 방면에 응용되어 자동차의 가솔린을 자화하면 연료 절약의 효과가 있다고 하는 보고도 있다. 그것들은 학교의 교과서 등에는 전혀 쓰여 있지 않은 기이한 이야기들뿐이다.

그런데 이 자화수의 의학에의 이용은 어떠할까? 여기에 대해서는 13세기에 드케르슈가 보고하고 있다. 자화수를 사용하면 상처나 궤양이 낫는다고 하는 것이다.

　러시아의 자화수 연구에 의하면, 동맥 경화증 환자에게 자화수를 마시게 하면, 혈중 콜레스테롤의 감소나 알부민의 증가가 인정되고 증상이 개선되었다고 한다. 그 밖에 알레르기성 피부염에 자화수의 찜질이 효과가 있다든가, 자화수로 양치질을 하면 치석을 제거할 수 있다든가, 치육염이 낫는다는 등 연구가 진행되고 있다.

　최근 중국에서도 동양 의학자가 자화수를 사용하여 치료 효과를 거두고 있다고도 한다.

　그런데 청주를 전자레인지로 데우면 맛이 있다는 이야기를 때때로 듣는다. 사실인지 아닌지는 확실히 모르지만, 그것은 자기장을 건 때문이 아닐까 하는 등으로 상상을 펼쳐보는 것도 즐거운 꿈이 될 수 있을 것이다.

　'동물 자기'

　현재 서양의 여러 나라는 그들의 의학적 효과를 인정하고 있지 않다. 그 원인의 하나라고 생각되는 메스머의 '동물 자기 치료법'이란 어떤 것이었을까? 여기에서는 그것에 대해 살펴보기로 한다.

　그것은 자석에는 마법의 힘이 있다(?)고 믿었던 연금술적 세계의 이야기이다.

　1712년 미드는 대전 신경 유체(帶電神經流體)의 건강과 질병에 미치는 효과에 대해 발표하였다. 이와 같은 내용의 것은 현대의 우리에게는, 제목만 보더라도 도무지 이해하기 어려운 이야기이다. 그리고 이 미드의 논문에 영향을 받은 악명 높은 독일인 메스머가 등장한다.

그는 「행성이 인류에게 미치는 영향」이라는 논문을 1771년에 발표했을 무렵부터 자석을 이용한 질병의 치료를 시작하였다. 그러나 훗날의 그의 치료법에서는 자석을 사용하지 않았다고 하므로, 아무리 보아도 과학적인 치료법은 아니었던 것 같다. 그러나 그의 치료로 병이 나은 사람도 많이(?) 있은 듯하다. 메스머가 동물 자기 치료 하나만으로 당시의 유명인으로 출세했던 것으로도 그것을 상상할 수 있다.

그의 치료실은 어두컴컴하게 만들어져 있었다. 거기에 마술사의 몸차림으로 메스머가 나타나 치료(?)를 했고, 그 치료는 부인들에게 인기가 있었다고 한다. 그 알맹이는 최면술이라고 할까, 암시 요법이라고 할까, 제3자가 보기에는 도무지 이해가 안 되는 것이었던 것 같다.

그의 치료법에는 차마 방관할 수만 없는 부분이 있었던지 마침내 라부아지에(A. L. Lavoisier)와 프랭클린을 비롯한 과학자, 의사가 그 비과학성을 비난하고 나섰다. 그리고 메스머는 사기꾼으로 불리게 되었다. 그렇다고 하더라도 미국의 프랭클린까지 파리의 이야기에 참가했다는 것은 메스머의 명성(?)도 상당했던 것 같았다.

그의 특징은 갈바니의 동물 전기를 의식한 '동물 자기'라는 새로운 말에 있었다. 이 미지의 치료법의 원리를 동물 중력, 우주 유체라고도 일컫고 있다. 그가 의도한 것이 도대체 무엇이었는지 지금에 와서는 전혀 알 수가 없다.

사전에 메스메리즘이라는 말이 최면술의 대명사로 실려 있어서 당시의 상황을 전해주고 있다.

디아테르미 요법(전파 요법)

목에 통증을 느낄 때는 더운 타월로 찜질을 하고, 배가 아플 때 난로로 따뜻하게 한다. 이와 같은 경험적인 요법을 전파에 의한 가열로써 적극 행하는 것이 디아테르미 물리 요법이다.

그런데 과학의 진보에는 체험에서부터 출발하는 것이 많다. 디아테르미도 그것의 전형적인 예라고 할 수 있다. 1889년에 주벨이 고주파 전류를 인체에 흘려도 자극 작용이 없다는 사실 (3장 '전류에 대한 생체의 반응' 참조)을 우연히 알았다.

다르송발(A. D'Arsonval)은 그 사실을 많은 동물 실험으로 추시하여 생리학적, 행동학적 연구를 하였다. 그리고 300~700kHz의 고압 고주파 전류가 인체를 자극하지 않는다는 것, 디프테리아 독의 활성을 약화시킨다는 것을 발견했다. 그뿐만 아니라 그 300~700kHz의 전기장 속에 몸을 두면 신체가 따뜻해지고 땀이 나는 것을 관찰했다(1892). 그리고 그것을 인간의 피부 질환의 치료에 이용하였다. 그 때 이미 그는 전파에는 온열(溫熱) 작용만이 아니고 특별한 생체 작용이 있다고 생각하였다.

그것과 전후하여 1891년, 천재적인 전기 기술자 테슬라(N. Tesla)는 '고주파 전류는 설사 고전압이더라도 인체에 자극을 주지 않기 때문에 의학에 이용할 수 있다'고 말하였다. 그에게는 머리로 생각한 것을 체험으로 실행해 보는 좀 특이한 면이 있었다.

그리고 1898년 체이네크(Zeynek)가 1MHz 대의 전파로 통증을 일으키지 않고서 신체의 심부까지 가열하는 데에 성공하고부터 이 전파 가열의 구체적인 연구가 시작되었다.

디아테르미의 명칭은 1908년 나겔슈미트에 의해 붙여졌다.

디아(Dia)는 그리스어로 '투과'라는 뜻이고, 테미(Thermie)는 라틴어로 '온열(溫熱)'이라는 뜻이 있다.

디아테르미의 원리는 생체조직 중에 존재하는 전기 극성 물질(電氣極性物質)의 마사지 효과, 쉽게 말하면 내부 마찰열이다.

그 후의 디아테르미의 발전상은 1장에서 조금 언급했다.

그러면 디아테르미의 효능을 열거해 보기로 하자.

먼저, 따뜻하게 해서 혈행을 좋게 한다. 교감 신경을 자극하여 모세 혈관을 확장시키고 세포막의 전기적 특성을 변화시킨다. 신진 대사를 촉진시켜 세포 내의 독소를 제거한다. 적당한 온도로 신경을 자극하여 진통, 진정 작용을 촉진시킨다. 살균 작용으로 박테리아의 성장을 억제하고 사멸케 한다. 근육을 이완시켜 통증과 경련을 없앤다. 혈액과 림프액을 알칼리성으로 만든다. 소변과 땀을 증가시킨다는 등이다.

그 이용 영역은 내과, 외과, 산부인과, 이비과(耳鼻科), 피부과, 안과 등으로 폭이 넓다.

이 디아테르미는 사용 주파수도 1947년에 2.45GHz의 마이크로파 대역에까지 확장되어, 주로 각종 사회 복귀 요법(Rehabilitation)에 이용되고 있다.

암 치료를 목표로 하는 하이퍼서미아

디아테르미를 기술적으로 일보 전진시켜 종양의 치료를 목적으로 개발된 것에 하이퍼서미아(Hyperthermia, 전파를 이용한 온열 요법)가 있다.

오랜 이야기이지만 1866년 단독(丹毒)으로 두 번에 걸쳐 발열한 환자의 얼굴에 생긴 육종(肉腫)이 자연히 나았다는 보고를 부쉬가 하였다. 이 열에 의한 종양 치유의 사례가 전파 가열과 종양 관계의 힌트가 되었던 것이리라.

1930년의 디아테르미 전성시대에 프플롬(Pflomm)은 생쥐에게 전파를 쬐어 그 종양의 발육 정지를 관찰하였다. 이 결과는 획기적인 일이긴 했지만, 그 후의 추시 실험으로 같은 결과가 얻어지지 않았다는 일도 있고 하여 흐지부지 끝나고 말았다.

또 라이터와 같이 인간의 암에 대해 디아테르미로 어느 정도의 효과를 거둔 사람도 있다. 그러나 가열에 의하여 암세포로부터의 출혈성이 높아지기 때문에 디아테르미는 좋지 않다는 결론에 도달했다.

그런데 드물게는 암이 자연히 낫는다는 것이 알려져 있다. 이 자연 치유의 사례가 1957년에 통계적으로 정리되었다. 그것에 따르면 그 치유 사례의 3분의 1에는 어떤 발열을 수반하는 증상이 있었다. 그래서 다시 가열과 암세포 파괴의 관계에 관심이 높아졌다.

그리고 1970년대가 되어 온열(溫熱)에 의한 세포 사멸의 메커니즘이 명확해졌다. 그것에 의하면 일반적인 세포는 45℃ 부근에서 열로 죽어버리지만, 종양 세포는 그보다 낮은 42.5℃를 넘으면 사멸한다고 한다. 즉 온도를 42.5~45℃ 사이로 유지하면 암세포는 사멸하지만 정상 세포는 그대로 생존할 수 있다. 그래서 이 온도차로 암세포를 죽이는 새로운 방법이 제안되었다.

이 정상 세포와 암세포의 열의 감수성에 대한 차이는 각각의 혈관의 양, 산소의 분압(分壓), pH값(산-알칼리도)과 관계가 있다고 생각되고 있다.

이리하여 기초가 굳혀진 데에서 암세포의 가열 파괴-하이퍼서미아의 연구와 실용화가 다시 시작되었다. 하이퍼서미어라는 말은 인간의 체온의 상승 한계보다 더위를 뜻하고 있다.

이 하이퍼서미아에는 X선 치료와 같은 위험한 부작용이 없다. 화학 요법과 같은 부작용도 없다. 이 점이 큰 특징이다.

그러나 현재 이 전파 가열 요법에도 문제점이 없는 것은 아니다.

하이퍼서미아에서는 1㎠당 50㎽, 체중 1㎏당 7W의 전력을 40~50분에 걸쳐 쬐고, 환부를 42~43℃로 유지할 필요가 있다. 또 그 때에 암세포 이외의 부분의 온도가 그 이상의 온도로 되어서는 안 된다. 생체의 온도 측정 기술을 비롯하여 온도 조절을 어떻게 조절하느냐는 것이 아직 기술적으로 해결되어 있지 않은 점도 많다.

하이퍼서미아에서는 이른바 초단파(VHF)의 전파는 그다지 사용되지 않는다. 이 주파수 대역에서는 생체 중에서의 가열의 온도 분포에 높낮이가 발생할 우려가 있기 때문이다(45℃를 넘는 데가 있다면 큰일이다). 그래서 더 주파수가 높은 마이크로파를 이용하고 있다. 그러나 마이크로파의 전파에서는 7장 〈그림 27〉처럼 생체에의 침투성에 한계가 있다. 생체 표면 부위를 가열하는 것은 간단하지만, 생체 내부를 가열하는 것은 쉬운 일이 아니다. 신체의 표면 부위뿐만 아니라 신체의 내부에 분포하는 악성 종양을 치료하여야만 진짜 치료법이라고 할 수 있다. 단파 대역의 하이퍼서미아도 여러 가지로 연구되기 시작하고 있다.

그런데 일본과 핀란드에서는 피부에 발생하는 종양이 다른 나라와 비교하여 적다. 그 현상을 목욕탕이나 사우나를 이용하는 국민성으로 설명하는 사람도 있다.

갈바니 요법

전파의 열작용이 아니고, 전류에 의한 신경 등에의 자극 작용을 이용하는 것이 초저주파 요법이다.

1786년, 이탈리아의 의학자 갈바니는 기전기(起電機)로 발생시킨 전류를 개구리의 다리에 통하게 하자, 그 다리가 팔딱팔딱 움직이는 것을 발견했다. 이것이 바로 동물 전기의 발견이다.

현대의 우리로는 당시의 의학과 전기의 관계는 약간 기이하게 느껴진다. 그러나 그 시대보다 조금 전인 1773년에 전기뱀장어와 시끈가오리에 관해 예로부터 전해 내려온 독특한 작용이, 전기 쇼크와 너무나도 닮았다는 학술 논문이 월슈에 의해 처음으로 발표되었다. 의학 세계에서도 동물과 전기 현상의 관계에 대한 연구가 각광을 받고 있었던 것이다. 또 그 전에는 전기 치료가 유행했던 시대가 있었다.

그런데 전류를 신체에 통하게 하는 치료법은 갈바니 요법이라고 불리고 있는데, 그 역사는 오래이다.

고대 로마, 폼페이의 벽화에 시끈가오리를 머리에 감아 붙인 사람의 그림이 있다. 두통이나 진통의 통증을 누그러뜨리기 위해 생각했을 것이다. 그러나 당시는 전기를 의식하고 있지 않던 시대이다.

'시끈가오리는 무서운 독을 자유로이 발산한다……. 피를 얼게 하고 손발을 마비시킨다'고 그리스의 헨니히는 기술하고 있다. 갈레노스(Galenos)도 두통이 있는 사람에게 가오리를 가까이 대면 진통 효과가 있다고 했다.

두통이 있는 사람에게 시끈가오리를 가까이하면 낫는다!?

　그러면 이야기를 다시 근대로 돌이켜 놓자. 19세기 말경이
되자, 전기 생리학의 연구가 진보하여, 전류가 생체에 작용하는
부위는 신경이나 근육의 세포막이라는 것을 알게 되었다. 그리
고 전류의 통전은 스위치를 넣었을 때와 끊었을 때의 그 순간
에만 세포막으로의 이온 집적이 일어나서 근육에 작용한다는
것이 밝혀졌다.

　1902년, 류주크는 이 사실에 착안하여 직류 전류가 아닌 교
류 전류를 사용하는 초저주파 전류 치료법을 제안하였다. 이것
에 대해서는 다음 절에서 설명하기로 한다.

　그런데 동양의학에서 화제가 되는 경혈(經穴)에서는 피부 표
면의 전기저항이 낮다는 것이 알려져 있다. 그래서 전기 저항

계로 그 위치를 찾아 거기에 전류를 흘려보낸다. 이와 같은 전류 치료는 이른바 양도락(良導絡)이라 불리고 일본에서는 잘 알려져 있다.

이 양도락의 특수한 예에서 색맹과 색약이 치유된다(?)고 하는 사람도 있다. 그것에 따르면 12V, 200㎂ 정도의 전류를 눈 가까이의 경혈에 10초 동안 흘린다. 이것을 반복하면 좋다고 한다.

색각 이상은 유전적인 것이다. 하지만 색각 이상이 낫는다고 하는 사람들 사이에서는 시각 세포가 통전에 의해 활성화되어 색각의 문턱값이 변화한들 이상할 것이 없다고 해석되고 있다. 이것이 사실이라면 굉장한 일이기는 하지만 앞으로 더 한 층의 연구가 요망된다.

또 양도락에서는 가성 근시(假性近視)도 낫는다고 말하는 사람도 있다.

직류 전류에는 혈관 확장에 수반하는 혈류 증가 작용과 신진 대사의 항진을 볼 수 있다.

초저주파 전류 치료

생체에 직류 전류를 통할 때 스위치의 온, 오프 때에 전기장이 변화하고, 생체막의 이온 분포가 변화한다는 것을 알게 되어, 생체로의 초저주파 교류 통전이 행해지게 되었다.

당초, 패러데이 요법이라고 불린 이 치료법은 생체에 흐르는 활동 전류와 비슷한 전류를 흘려서 몸의 상태를 조절하려는 것이 목적이다. 그 효능은 사용 주파수, 파형, 변조 방법에 따라 달라진다.

　우선 혈관 확장, 림프액의 이온 교환 작용에 의한 혈행, 신진 대사의 촉진, 또는 신경을 흥분시켜서 운동 신경 마비의 개선을 꾀하는 등의 흥분 작용을 목적으로 할 때에는 3~20㎐의 초저주파 전류가 이용되고 있다. 그 때는 양극을 마비된 부분에 접촉한다.

　그리고 흥분 작용과는 반대로 혈액을 순환시키고, 지각 신경의 진정화를 촉진시키거나 또는 엔돌핀의 분비 촉진에 의해 통증을 완화시키는 진정 작용을 목적으로 할 때는 50~1,000㎐의 전류를 사용하고 있다. 이때는 환부에 음극을 접촉한다.

　자율 신경의 안정화를 꾀할 때는 척추를 따라 90㎐ 이상의 주파수의 전류를 통전하기도 한다. 이와 같이 여러 가지 치료법이 있어 광범한 증상에 효과가 있다.

　좀 거칠기도 하고 목적도 다르지만, 정신병에 사용되고 있는 전기 쇼크 요법도 이 분야의 치료법이다.

　의학 분야의 이야기는 아니지만, 9~11㎐의 자기장을 작용시키면 심신이 편해지고 집중력이 높아지며 잠재의식이 활성화한다고 주장하는 민간인도 있다. 그 근거는 학덕 높은 스님이 좌선(座禪) 명상을 하고 있을 때의 뇌파(α파)의 주파수가 바로 그 부근의 주파수라고 하는 사고방식에서 나온 것이다.

　뇌파 부근의 주파수에 대한 생체 현상은 아직도 미지의 영역일는지 모른다.

전기 수면, 전기 마취

초저주파의 별난 이용법으로는 최면과 마취가 있다.

0.2~0.3mS의 임펄스 전류를 1~20㎐의 반복으로 머리 부분

에 흘려주면, 수면 현상을 유도할 수 있다.

처음에는 12~16㎐를 주고 시간과 더불어 1~2㎐의 낮은 주파수로 이행시켜 간다. 그렇게 하면 왠지 잠이 들고 마는 것이다.

수면 현상은 이미 뇌파의 레벨에서 해명되어 있다. 수면이 깊어짐에 따라 뇌파는 β, α, θ파(7장 참조)로 변화해 가는 것이 알려져 있다. 그래서 수면으로 들어갔을 때의 뇌파의 파형에 맞춘 주파수의 전기를 외부로부터 시간의 경과에 맞추어 변화시키면서 가해 준다. 이것이 전기 수면법이다.

다음으로 마취법에 대해서 알아보자. 중국의 이른바 침 마취법에서는 특수한 펄스 파형인 0.5~3㎐의 전류를 마취하려는 부위에 대응한, 이른바 경혈에 20~40분 동안 흘려준다. 그렇게 하면 원하는 장소에 마취 작용이 나타난다. 그 원리는 통전에 의해 카테콜아민류가 분비되어 진통 작용이 일어나기 때문이라고 설명되고 있다. 또 이때 뇌파에도 변화가 일어나고 있다고 한다.

이 침 마취법은 1958년, 상하이(上海)의 병원에서 편도선 수술에 사용된 것이 최초이다. 그리고 이 발표는 후에 1971년 『홍기(紅旗)』에 실린 논문에서 다루어져 관계자들 사이에 굉장한 반응을 불러일으켰다. 그 캐치 프레이즈는 히말라야의 산속이든, 선박 안에서든, 세계 어디에서도 가능한 간단한 마취법이라 하여 선전되었다.

침 마취법은 최근의 동양의학에서의 하나의 큰 발견일 것이다.

골절 치료

전기, 전파 요법에서는 치료가 가능하다는 것이 알려져 있어도, 그 원리가 밝혀져 있는 경우는 매우 드물다. 여기에서 말하는 골절 치료법은 그 메커니즘이 해명되어 있는 극히 소수의 한 예이다.

어떻게 해서 발견했는지는 분명하지 않지만, 오래 전인 1841년에 골절 치료에 전류 통전이 유효하다는 것이 경험적으로 알려져 있었다.

그리고 1960년대가 되어 직류 전류나 미약한 초저주파 전파가 뼈의 재발생, 성장에 관계하고 있다는 사실이 제시되어, 그 메커니즘이 겨우 밝혀졌다.

그 원리는 다음과 같이 생각되고 있다.

골절을 일으키면 그 뼈 전체가 먼저 음전위로 된다. 그리고 그 후에 뼈가 성장하는 곳만이 음전위로 되고, 다른 부분은 중성이나 양전위로 되는 것이 알려져 있다. 이 사실로부터 음전위가 뼈의 성장에 관계하고 있는 것으로 추정된다. 아무래도 이때에 흐르는 전류가 뼈의 성장에 관한 정보를 나르고 있는 것 같다.

그래서 골절부에 전극을 집어넣고 거기가 음전위가 되도록 1 ㎠당 10μA 정도의 직류 전류를 흘려준다. 그렇게 하면 실제로 뼈의 성장이 촉진된다. 이것이 한 방법이다.

뼈의 성장은 직류만이 아니고 교류 전류에 의해서도 촉진된다.

골절한 뼈가 재생할 때에는 뼈에 가해지는 압력이 원인이 되는 압전 효과(壓電劾果)에 의해 15㎐와 72㎐의 초저주파 전류 펄스가 발생하여 뼈세포간의 연락을 서로 취한다고 한다. 그래

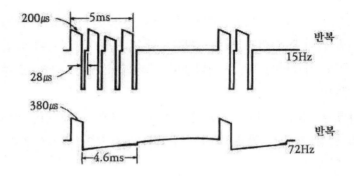

〈그림 15〉 뼈의 성장에 유효한 펄스 파형
〔R. Shupe, The Friendly fields Of RF(IEEE Spectrum)〕

서 이 펄스를 닮은, 〈그림 15〉에 보인 것과 같은 자기장 펄스를 골절부에 쬐어, 그 위치에 펄스 전류를 유기시켜 뼈의 성장을 촉진하게 한다.

이 뼈의 성장 메커니즘은 어떻게 생각되고 있을까? 이 뼈의 성장에는 호르몬이 관계하고 있다.

파라티로이드(부갑상샘 호르몬)라는 호르몬은 뼈의 성장을 억제하는 호르몬으로 알려져 있다. 그리고 외부로부터 가한 초저주파 펄스에는 세포막 부위에 존재하는 이 파라티로이드 호르몬의 생산을 억제하는 작용이 있다고 한다. 그래서 결과적으로 뼈의 성장을 촉진하는 것이 된다.

그런데 뼈의 성장을 돕는 물질로는 세포 내에 존재하는 비타민 D도 있다. 그러나 이 초저주파 펄스는 웬일인지 비타민 D에는 영향을 주지 않는다고 한다.

이들 사실은 초저주파 전파가 세포 내에 작용하는 것이 아니라 세포막에 작용한다고 생각하는 하나의 근거로 되어 있다.

또 이 주파수대의 초저주파는 신경 세포의 성장도 촉진한다는 것이 알려져 있다. 이런 사실은 골절 치료의 치료 사례로부터도 밝혀지고 있다.

5장

주변의 전파에는 불안이 없는가?

전기나 전파는 기술 세계의 것이다.

거기서 어떤 일이 일어나고 있는지는 기술자에게 맡길 수밖에 없다.

그러나 현대의 생활에서는,

좋든 싫든 간에

사람이 전파와 접촉하는 기회는 무수히 많다.

일상생활 주변에서,

어디에 전파 장해의 가능성이 있는지 문제점을 찾아보자.

생인 계획

현대의 원자력 잠수함은 늘 해면 아래서 행동하고 해면에 부상하는 일은 거의 없다.

그러나 한편, 바닷물에는 전파를 흡수하는 성질이 있다. 그래서 지상의 기지와 바다 속의 잠수함과의 통신을 어떻게 확보할 것인지, 그것을 기술적으로 어떻게든 해결할 필요가 있다.

그런데 이 잠수함 통신은 이미 2차 세계대전 중에 실용화되었다. 그러나 그 때는 장파대의 전파를 사용하였기 때문에, 지상 기지로부터의 전파는 잠수함이 해면 아래 10m 정도까지 부상하지 않으면 수신할 수 없었다. 그래서 당시는 지령을 받기 위해 잠수함은 해면 가까이까지 부상해야만 했다.

그런데 해수에 의한 전파의 감쇠는 전파의 주파수가 낮을 수록 적다는 것이 알려져 있었다. 그래서 깊숙이 잠항하여 행동하는 잠수함에 지령을 내는 방법으로서, 사용 주파수를 확 낮추어 30~100㎐의 초저주파 전파를 이용하는 방법이 1958년 크리스트폴리에 의해 제안되고, 그 프로젝트는 생인(Sang-in)계획이라는 이름이 붙여졌다.

사용 주파수가 낮으면 그 안테나도 커야 한다. 이 계획은 송신용 지중 안테나를 수천 제곱킬로미터에 걸쳐 부설하고, 거기에 5㎿의 전력을 가하는 대규모의 것이었다. 그리고 안테나의 건설 예정지로서 미시간 국경 지대 등 세 곳이 선정되었다. 그 부근에서 의 전파 환경 계획의 예정은 전기장이 0.07V/m, 자기장이 0.02mT 정도가 될 것으로 예상되었다.

그리고 1970년대가 되어 위스콘신주의 채크아메곤 국유림에 길이 21㎞의 안테나를 건설하여 예비 실험을 시작했다.

이에 대하여 1971년, 자연 환경 보호 단체와 학자가 반대 운동을 일으켰다. 그리고 생물학자와 생태학자는 초저주파 전파의 조사에 대한 기초 조사를 해야 한다고 제안했다.

그 조사 항목은 인간에게 대해서는 혈액 중의 중성 지방의 증가, 혈압의 변화, 야생 동물에 대해서는 쥐의 성장 지연, 철새의 이동 방향과 위치, 그 밖의 식생 조사(植生調査) 등이 있었다.

거기에서의 반대 운동은 도대체 무엇을 의도하고 있었을까? 진위는 어쨌든 간에 지원자에 의한 초저주파 피폭(被曝) 실험에서는 혈액 중의 중성 지방의 증가가 인정되었고, 또 다른 지원자에 의한 지적 활동을 조사하는 실험에서는 덧셈이 되지 않았다고 한다.

군부측은 계획을 축소하고 그 이름도 시페얼(Seafarer)로 고쳤지만, 주민의 반대 운동은 도무지 약해질 기색이 없었다.

결국 이 운동은 정치 문제로까지 발전했다. 건설 계획은 세금의 낭비가 아니냐고 하는 것이었다. 그리하여 1976년에 납세자인 주민들의 주민 투표로 결말을 짓게 되었다. 그 결과, 건설 반대파가 이겼기 때문에 이 초저주파 송신 계획은 허공에 뜨고 말았다.

미국 해군에서의 초저주파 전파의 생체 효과에 대한 연구는 지금도 그럭저럭 계속되고 있다고 한다.

마이크로파 회선

1980년대 미국 포틀랜드에서의 이야기이다. 밴쿠버 지구의 초등학교에서 4학년에서 5학년이 된 학생 중에 1년 사이에 4명이 소아암이 되었다. 그 내역은 백혈병 2명, 악성 림프 종양과 뇌종양이 각각 1명이었다. 큰 사건임에 틀림이 없었다.

중대한 사태라고 판단한 학부모들은 그 때 학교로부터 3㎞ 떨어진 곳에 있는 12.43GHz의 마이크로파 회선의 안테나에 의심의 눈을 돌렸다.

그 학교에서의 마이크로파의 전력은 이론 계산에 의하면 1㎠ 당 10nW 이하로, 8장에서 설명하는 ANSI 안전 기준보다 낮은 값이었다. 회사 측이 이 사실을 부모에게 제시해도 도무지 믿지를 않았다. 전파와 암을 결부시킨 논문도 몇 편인가 발표되어 있다. 그래서 회사 측은 전력값의 현장 측정을 하게 되었다.

그 학교에서의 측정값은, ANSI 기준보다 4자리 수나 적은 1㎠당 6.8nW(1nW는 10억분의 1W) 이하의 측정조차 할 수 없는 극히 작은 전력값이었다. 또 비교로서 그 학교로부터 약 5㎞ 떨어져 있고, 그 때까지 6년 동안 학생들 사이에 암이 발생한 적이 없었던 초등학교에서도 측정했다. 그리고 이들 두 학교에서의 측정 결과는 별로 의미가 있을 만한 차이가 없다는 것도 밝혀졌다.

또 근처에 부설되어 있는 60Hz의 고압 송전선에 대해서도 측정했다. 송전선 바로 밑에서의 전기장은 170V/m였지만, 두 학교에서는 문제가 될 만한 자기량은 없었다.

그리하여 비로소 학부모들은 그 전파가 소아암의 원인이 아니라고 납득했던 것이다.

모스크바 시그널

전파 환경 문제가 국가 간의 문제로 되면, 벌써 사회 문제 따위로는 말할 수 없는 사태에 이른다.

　전파가 위험하다고 하면, 전파에 안전 기준을 설정하지 않으면 안 된다. 이 안전 기준에 대해서는 2장에서 말했듯이 미국의 기준과 러시아의 기준에는 차이가 있었다. 나라가 다르기 때문에 다른 것은 이상하지가 않다. 그러나 그 틈새에서 기묘한 사건(?)이 일어났다고 하면 이야기가 복잡해진다.

　1977년 모스크바의 미국 대사관에서 도청 장치를 조사하고 있을 때, 길 건너편으로부터 미약한 전파가 대사관을 향해 발사되고 있는 것이 판명되었다. 이것이 후에 모스크바 시그널로 불리는 전파의 등장이었다.

　당초 이 전파는 도청용의 어떤 전파라고 이해되었다. 그러나 그 파형이 불규칙하게 변화하여, 아무리 보아도 그런 목적의 전파 같지 않았다. 또 통신 방해용의 전파로도 생각되지 않았다. 여러 가지로 검토한 결과 전파 생체 효과를 노린 것이라는 결론에 이르렀다. 당시 대사관원 중에는 부정 수소(不定愁訴, 일정하지 않게 근심 걱정이 일어나는 증세)를 느끼는 사람이 속출했는데, 전지 요양을 하면 낫는다는 괴상한 현상이 있었다고도 한다.

　이 모스크바 시그널은 해마다 여러 가지로 변화하여, 가장 강한 시기의 전력 밀도는 1㎠당 15㎼, 그 조사 시간(照射時間)은 하루 18시간이었다고 한다.

　그런데 그 무렵의 미국에서는, 그 정도의 레벨의 전파에서는 생체 효과가 일어나지 않는다고 생각되고 있었다. 전파 생체 작용은 열 효과, 열장해만이라고 생각하고 있었던 것이다. 그 때에 일어난 것이 모스크바 시그널이다. 이 사건은 당시의 미국에 미약한 전력 전파의 비열 효과에 대하여 큰 의문을 일으

모스크바 시그널

쳤다. 당장, 그 전파를 해명하는 극비 계획인 '판도라' 작전이 시작되었다.

열 효과를 수반하지 않는 미약한 전파를 장기간에 걸쳐 쪼이는 것은 인체에 어떤 영향을 주게 될까? 바로 이것을 조사하는 일이다. 판도라 계획의 내용은 공표되어 있지 않다. 그러나 모스크바 시그널과 유사한 전파를 붉은털원숭이에게 쪼였더니 중추 신경계에 상식을 뛰어넘는 반응이 나타났다는 소문이 돌고 있다.

그 무렵, 러시아 주제 미국 대사는 "쪼어지고 있는 이 전파는 임신부에게는 좋지 않다. 가능성이 있는 장해로는 백혈병, 피부암, 백내장, 감정 장해를 생각할 수 있다."고 관원에게 말하였다.

이 대사관에서의 담화가 로스앤젤레스 타임지에 폭로되어 이 모스크바 시그널이 갑자기 정치 문제로 되었다. 마침 그 무렵

대사의 건강이 좋지 않았던 것과 전임 대사관원이 암으로 사망했던 것도 곁들여져서 이야기가 확대되어 버렸다고 한다.

그런데 그 후 미국 측은 대사관을 알루미늄으로 둘러싸는 전파 차폐 공사를 실시하고, 또 이 모스크바 시그널을 미국과 러시아와의 외교 문제로 다루었다. 그 후 얼마쯤 지난 1979년에 갑자기 모스크바 시그널은 정지되었다.

이 모스크바 시그널 이야기는 미약한 전파의 비열적인 생체효과에 대한 도무지 정체를 알 수 없는 이야기이다.

5,000명에 이르는 역대 주소 미국 대사관원과 그 가족의 역학 조사에서는 아무 이상도 인정되지 않았다고 한다.

리니어 모터카는 괜찮은가?

우리 주위에도 여러 가지로 화제가 되고 있는 전파 환경이 있다. 여기에서는 대략적이지만 주파수가 낮은 것에서부터 높은 것으로 순서를 좇아 이야기해 보자. 우선 직류 자기장, 리니어 모터로부터 시작한다.

꿈의 초특급, 리니어 모터카는 바퀴를 사용하지 않는 자기부상 시스템이다.

이때 차체를 부상시키는 강력한 자기장은 생체에 영향을 끼칠까? 조사해 둘 필요가 있다. 특히 승무원들은 단시간을 승차하는 일반인들과는 달리 직무상 장시간 초전도 자석의 자기장을 편다. 또 보수원들은 짧은 시간이지만 강력한 자기장에 드러난다.

전기장 차폐는 비교적 간단하지만 자기장의 차폐는 간단하지가 않다. 거기에 하나의 큰 문제가 있다.

〈표 16〉 정자기장의 안전 기준. 나카가와(中川正神), 포유류에 미치는 자기장의 영향, 「사이언스」에 의거함

	정자기장
일반 (전신)	0.05T (7.6시간)
	0.1T (5.4시간)
	0.5T (2.4시간)

강력한 자기장 속에서의 동물 실험에서는 어떤 일이 밝혀지고 있을까?

집토끼를 약 0.06T의 자기장 속에서 5주간 사육한 결과, 혈청 콜레스테롤의 감소가 인정되었다.

레버를 눌러 전기 쇼크를 피하는 훈련을 시킨 쥐에게 0.6T의 자기장을 하루에 16시간 쪼이고, 그것을 4일 동안 계속한 후 전기 쇼크 테스트를 실시한 결과, 자기장에 노출된 그룹에서는 학습 능력이 저하하고 있는 것 같다는 것을 확인했다(나카가와, 1986). 그 밖에도 여러 가지 결과가 얻어지고 있다.

강력한 자기장은 순환계에 영향을 끼치기 때문에, 인체에 대해서도 안전 기준을 설정할 필요가 있다. 이를테면, 나카가와(中川)에 의해 제공된 기준 값을 〈표 16〉에 보여둔다.

강자기장은 앞으로 각광을 받는 기술이다. 예를 들면, 알루미늄 정련이나, 소다 공업의 전해 장치, 소립자 가속 장치, MHD 발전 자극(磁極), 핵융합 실험 장치, 초전도 자석, 초전도 코일을 이용한 전력 에너지 저장 장치, 핵자기 공명 진단장치 자기 제어의 연구는 앞으로의 과제이다.

초고압 송전선 밑

발전소로부터 도시까지 전력을 운반하는 것에 송전선이 있다.

그런데 이 송전선에서는 고전압의 대전력 용량의 것일수록 전력의 전송 손실이 적어진다. 효율을 중시하는 기술 세계의 일이므로, 차츰 초고압 송전선의 연구 개발 쪽으로 향하고 있다.

미국에서는 지상 높이 14.9m에 가설한 765kV의 송전선이 이미 실용화되었고, 1987년에는 총연장 6000㎞에 달하였다. 이 송전선의 건설 계획 단계이던 1973년에는 일반 시민이 참가 한 공청회가 열려 생체 효과, 동물 실험, 식물 실험에 대해서도 토론되었다고 한다. 1972년의 국제회의에서 러시아의 코로브코와 가상용 주파수의 전기가 인체에 미치는 영향에 대해 생각해야 한다고 발표한 것을 고려해서의 일이었을 것이다.

그런데 미국의 그 고압 송전선 바로 밑에서는 전기장이 8kV 자기장이 0.025mT여서 바로 밑에서는 농기구로부터 불꽃이 튀거나, 형광등이 켜지거나 하는 등 여러 가지 전기 현상이 일어나고 있다.

이들 송전선의 인체에 대한 효과는 어떤 것일까? 송전선 바로 밑에 서면 인체에 120㎂의 전류가 흐른다고 한다. 전기장은 피뢰침의 끝부분에 집중하듯이, 사람의 머리 부분에 강하게 집중한다는 사실에 주의할 필요가 있다.

전기장 지각(知覺)은 머리카락이나 피부가 미풍을 맞고 있듯이 느껴지고, 또 코로나 방전 지각은 작열감(約熱感), 바늘로 찌르는 듯한 자극이라고 한다.

미국, 러시아 등의 나라에서는 국토도 넓고, 또 전력은 에너지 문제의 중심 과제이기 때문에, 더욱 전압이 높은 100만V

이상의 초고압 송전선 UHV를 계획 중이다.

그런데 현재 일본의 송전선은 500W가 사용되고 있고, 지상에서의 전기장 강도는 3㎸/m 이하로 억제되어 있다.

강한 상용 주파수의 전기에 장시간 노출되면 어떻게 될까? 조금 문제가 달라지지만, 스웨덴에서의 통계에 의하면, 전력 회사에 근무하는 남자의 어린이에게, 보통보다 기형률이 조금 많다는 보고가 있다(놀드스트롬).

OA 단말기는 어떨까?

사무 자동화(OA)의 진보는 멈출 줄을 모른다. 그 단말기의 수는 증가 일로에 있다.

이 단말기는 전자 장치이다. 단말기 근처에 트랜지스터 라디오를 갖고 가면 굉장한 잡음이 생긴다. 단말기에서 나오는 이 전파는 문제가 안 될까?

단말기에 대해 굳이 말한다면, 거기서 발생하는 것으로 염려되는 것은 플라이백 트랜스에서 나오는 50㎐ 이하의 초저주파 자기, 브라운관에서 발생하는 연(軟)X선, β선, 그리고 이온, 정전기이다. 이와 같은 것들의 발생을 억제하지 못하는 조잡한 제품(?)도 꽤 나돌고 있는 것 같다.

그들 불요 전파 등은 매우 근소하기는 하지만 날마다 이용하는 사람에게는 고려할 필요가 있을 것이다. 이와 같은 환경에서 발생하는 증상은 VDT(Video Display Terminal)증후군이라고 불리어지고 있다. 그리고 이에 관하여 1979~1981년에 걸쳐 북아메리카에서, 예를 들면 다음과 같은 OA단말기를 사용하고 있던 사람들에게 얽힌 여러 가지 소문이 돌았다.

〈표 17〉 VDT 증후군

이시카와(石川哲), 아오키(靑木第)「VDT 작업과 눈의 피로」

시기능의 장해	안정 피로, 근시, 난시, 결막염, 각막염, 맥립종, 안암 상숨 눈물의 분비 장해 등
목, 어깨, 탈의 장해	어깨 결림, 목이 아프다, 마비, 허리가 아프다, 두통
스트레스와 긴장	정신피로, 단조로움, 초조감, 사고가 원활하게 전개되지 않는다, 공허감, 사람과의 소외감
정신적 장해	불안, 우울, 심신증, 자율신경 실조증, 기타
임신 중의 부인에 관한 문제	생리불순, 유산 기타
그 밖의 피부 장해 등	

　트론토스타 신문사의 홍보국에서 1979~1980년의 13개월 동안에 7명이 임신했는데, 그 중 4명에게서 기형 출산이 있었다. 캐나다 항공사에서 1979년부터 2년 동안 드발 공항의 탑승 수속 카운터의 비상근 근무자 13명이 임신을 했는데, 그 중 7명이 유산했다는 등이다.

　OA단말기를 조작하는 여성에게는 기형이나 유산이 있는 것이 아닐까라는 것이다. 그 후 OA단말기에서 발생하는 전기장을 차폐하는 에이프런도 고안되었다고 한다.

　또 1979~1980년 노르웨이의 조사에서는, 습도가 낮고 바닥에 카펫이 깔린 곳에서 OA기기를 사용하면 정전기 습진이 발생하는 일이 있다고 한다.

　전에 키펀처 증후군이라는 부정 수소(不定愁訴)도 있었지만 그 내용도 바뀔지 모른다. 참고로 〈표 17〉에 VDT증후군의 일람표를 보여 두었다. 하지만 이들의 원인이 모두 전파가 아니라

116

는 것을 덧붙여 둔다.

가정 전기 제품

가정용 전자레인지에서 사용되고 있는 2.45GHz의 전파는 가장 열효율이 높은 주파수대의 전파이다.

실용화 초기의 미국에서, 전자레인지에서 새어나온 전파에 의해 가정주부가 백내장이 된 사례가 있었다.

지금은 그와 같은 사고를 교훈삼아 전파 누설을 방지하는 안전장치가 2중, 3중으로 설치되어 걱정이 없는 구조로 되어 있다. 규격에서는 누출 전파가 5cm 떨어진 위치에서, 1cm²당 5mW 이하가 되도록 정해져 있다. 그러나 종이가 한 장이라도 레인지의 문에 끼게 되면 문제이다. 주의할 필요가 있다.

하여간 문이 닫혀 있을 때라도 레인지 속을 들여다=보는 따위의 행동은 하지 않는 것이 좋다고 생각한다. 특히 이제부터 성장할 유아, 어린이들은 너무 열심히 계속하여 들여다보는 일이 있다. 주의해야 한다.

다음으로 상용 주파수 60Hz의 가전제품에 대하여 생각해 보자. 이들로부터 발생하는 전파의 전기장값이 〈표 18〉이다.

이 중에서는 피부에 밀착시켜 사용하는 전기담요의 전기장값이 크게 두드러진다.

전기담요를 세게 가열하여 장시간 사용하면 몸이 나른해지는 사람이 있다. 단순한 열 효과에 의한 것인지, 전파 작용에 의한 것인지 그 원인은 명확하지 않다. 그러나 전기 담요의 전기장값이 가장 높다는 사실은 주의하는 것이 좋다. 인체 모델의 계산 예에서는, 전기장의 최댓값은 인체를 접지하지 않았을 때에

〈표 18〉 가전제품에 따른 전기장 강도

[오모리(大森豊明) 편저, 『전자기와 생체』, 일간 공업신문사]

(30㎝ 떨어진 점에서 측정한 결과)

전기 기구	전기장 강도(V/m)
전기담요	250
브로일러	130
스테레오	90
전기다리미	60
냉장고	60
핸드믹서	50
토스터	40
가습기	40
컬러 TV	30
커피포트	30
청소기	16
전기 시계	15
형광등	10
전자레인지	4
백열전구	2

는 1.95W/m이지만, 접지했을 때는 6.7㎸/파에 달하고 있다.

특히 임신 중의 여성, 어린 아기 등 세포 증식이 활발한 사람들은 주의하는 편이 좋으리라 생각한다. 과학적인 근거가 없어서 미안하기는 하지만.

웨타이머(N. Wertheimer) 등의 역학적(疫學的) 통계 자료에 의하면, 전기담요나 전기침대를 사용하고 있는 사람들 사이에서는 임신 기간의 장기화, 유산율의 증가가 지적되고 있다. 그러나 이 통계 처리 결과에 의문을 갖는 연구자도 있다.

일반 가정의 실내에서의 전기장값은 4~5V/m, 자기장값은 0.1~0.2μT라고 한다.

가정 전기 제품을 손으로 잡고 사용할 때 거기에서부터 누설 전류가 신체에 흐른다. 그 값은 고압 송전선 바로 밑에 섰을 때에 흐르는 전류값보다 크다고도 한다[브리지스(J .E. Bridges)].

자동차

자동차를 운전하면 왠지 집중력이 저하되고 판단력도 떨어진다. 졸음, 두통, 현기증이 일어나는 수도 있다. 그런 경험을 한 사람도 많을 것이다. 이와 같은 자동차 스트레스라고 불리는 증상의 원인은 도대체 무엇일까? 그것을 전기, 전파의 탓이라고 생각하는 사람도 있다.

실험을 해보면, 자동차의 엔진을 걸면, 자동차 속에는 20V/m의 전기장이 발생한다고 한다. 그리고 그 상태에서 사람의 광응답(光應答)에 대한 반응 시간을 조사해 보면, 엔진을 걸지 않았을 때에 0.389~0.601초였던 것이, 엔진을 걸면 0.42~0.69초로 바뀌어 반응 시간이 조금 늦어진다는 사실이 밝혀졌다.

이런 사실만으로부터 자동차 스트레스를 엔진 부분에서 발생하는 전파의 탓으로 돌리는 것은 속단이다. 그러나 거기에 무언가 있을 법한 기분이 없는 것도 아니다.

대전력 라디오 방송국, 무선국

방송국이나 무선국의 대전력화는 시대의 추세이다. 거기서 근무하는 사람들이 전파에 드러나는 것도 직업적인 문제로서 생각하지 않으면 안 된다. 최종적으로는 방송국을 무인화, 로봇화하는 것일 게다. 거기에서 일하는 사람들의 전파에 대한 체험이나 소문 같은 것도 조금씩 줄어들고 있는 것 같다. 지금은 전파 발진관 아주 가까이서 작업을 하다가 팔이 뜨거워져서 도망친 체험이나, 방송국에서 일하는 사람의 아이에는 여자가 많다는 등의 소문도 잊혀버렸다.

그런데 일반 사람들도 방송 전파에 대한 것은 생각해 둘 필요가 있다. 외국에서는 건물의 고층화에 수반하여 송신 안테나와 마주 보고 생활하는 일이 늘어나고 있다.

예를 들면, 1985년 하와이 호놀룰루에서 있었던 이야기이다.

25kW 중파 방송국의 철탑 부근의 건물이나 그 옥상의 수영장 등 일반인이 접근할 수 있는 장소에서 전기장 강도를 측정해 본즉, 200~300V/m였다. 그 중에는 8장에 설명하는 ANSI '82 안전 기준을 넘는 곳도 있어 방송국측은 개선을 고려하고 있다고 한다.

특수한 무선국인 선박 무선국에서는, 선박이라는 한정된 공간, 제약된 조건 아래에서는 아무래도 안테나 근처에서 작업하는 일이 많아지기 때문에 한층 더 주의가 필요할 것이다.

아마추어 무선 애호가로 특히 먼 곳과 통신을 하고 싶다는 사람들은 한번쯤은 불법인 대전력을 지향하게 된다. 주위에 대한 전파 장해뿐만 아니라 자기 자신에 대한 생체 효과도 고려해 보았으면 싶다.

방송에 대한 새로운 화제로는 FM방송 전파의 변조파 속에 초저주파가 함유되어 있는 것이 걱정되고 있다. 1㎠ 당 1㎽ 이하의 전파에 장기간에 걸쳐 드러나는 문제는 앞으로의 연구 과제일 것이다.

핵자기 공명 영상법

신체의 수분 분포를 검출하여 인체의 기관, 조직을 영상화하는 핵자기 공명 영상법(MRI)은 새로운 의료 진단 장치로 각광을 받고 있다. 그 원리는 강력한 직류 자기장 속에서 단파의 펄스 모양의 전파를 쪼여서, 신체 속에 존재하는 물분자 중의 양성자(수소 원자핵)의 세차 운동(歲差運動)을 격렬하게 하는 어려운 핵자기 공명 현상을 이용하고 있다.

이 장치로 검사를 받는 사람은, 약 30분쯤 측정용의 좁은 원기둥 모양의 통 속에 들어간다. 그 검사 중에 거의 대부분의 사람이 잠들어 버린다고 한다.

그 원인은 어떻게 생각되고 있을까?

이것을 측정하는 동안에는 코일로 전류를 단속하여 흘려보내고 있다. 그 때의 전기 진동이 기계 진동으로 변환되어 단조로운 광광거리는 소리가 난다. 침침한 원통 속에 누워, 이 주기적인 소리를 듣고 있는 동안에 졸게 되는, 것이 아닐까? 아니 그렇지가 않다. 직류 자기장에 신경을 진정시키는 작용이 있다(?), 단파의 전파 펄스에 의해 졸리게 된다(?)는 등의 여러 가지 논의와 추측이 있다.

전형적인 이 장치의 경우, 직류 자기장은 0.5T, 21MHz의 단파 펄스를 사용하고, 그 펄스의 피크 전력은 1kW, 평균 전력으로는 10W 이하이다. 물론 흡수 전력은 ANSI '82의 체중 1kg당 0.4W 이하로 되어 있다.

암 치료를 위해 이 핵자기 공명의 공진 스펙트럼을 사용하는 암세포 파괴법도 검토되고 있다.

가열 가공기

전파의 열작용의 비근한 이용에는 가열 조리용 전자레인지가 있다. 그러나 그것만이 전파의 열 이용은 아니다. 공업용 전파가 열은 훨씬 큰 분야이다.

그런데 플라스틱 제품은 우리에게는 이제 없어서는 안 되는 물건이다.

전파를 이용한 플라스틱 열가공기는 염화 폴리비닐을 녹이고, 돋을무늬를 만드는 등의 목적에 사용되고 있다. 전파 에너지는 내부로부터 가열하기 때문에 특히 유효한 수단이 된다. 그 이용목적은 책의 커버, 화장품의 부속품, 핸드백, 완구 등 헤아릴 수 없다. 이와 같은 공업용 목적을 위하여 할당되어 있는 전파 주파수에는 13.56MHz, 27.12MHz, 40.67MHz 등이 있다.

이러한 종류의 가공기로 소형인 것은 전파 누설을 방지하는 차폐 장치가 되어 있지 않다. 그래서 이 가공기를 사용하는 사람은 손, 머리, 무릎의 순서로 강한 전파를 쪼이게 된다. 전신에 평균적으로 쪼일 때는 문제가 없지만 어떤 부분에 특히 많이 쪼이게 될 때는 신경이 쓰인다(7장 〈그림 23〉 참조).

미국 어느 공장의 예에서는 1㎠ 당 10㎽인 권력의 평면 전파 환산값인 200V/m의 전기값을 넘는 전파를 쪼고 있는 사람이 전체의 55%, 그리고 0.5A/m의 자기장값을 넘는 전파를 쪼고 있는 사람이 21%였다고 한다.

이들 기계를 사용하는 작업원은 여성이 많고, 또 출산 가능 연령인 사람이 포함되어 있기 때문에 앞으로의 계속적인 조사가 필요할 것이다.

이탈리아의 조사에서는 이런 종류의 일에 종사하고 있는 사람에게 눈의 자극감, 어깨와 팔꿈치 사이의 상박에 감각 이상을 호소하는 사람이 있고, 그들 중에는 눈의 유지질 조직의 파괴가 인정된 사람도 있었다[비니(M. Bini) 등, 1986].

2차 세계대전 중에 가열 가공기가 발명되었다. 당시 이 분야에 종사하던 사람들은 온몸이 뜨거워지는 경험을 가졌다. 또 그렇지 못하면 제구실을 못한다고 말하고 있었다.

이런 종류의 가공기 사고에 의한 화상은 내부로부터의 화상이며, 밖으로부터 본 증상보다 심각하다고 했다.

전기, 전파 의료기

전기, 전파 의료기의 역사는 오래 되었다. 그것이 올바르게 사용될 때는 그 위력도 발휘되지만…. 전기, 전파에 민감한 사람에게는 거기에 약간의 함정이 있다.

전기, 전파 의료기의 인식과 선전을 위한 전시, 설명, 직매장 등을 백화점이나 슈퍼마켓에서 흔히 볼 수 있다. 거기에는 시험용 기계도 놓여 있다. 이때 가벼운 기분으로 시험해 보아 만일 신체 이상을 느꼈을 때는 어떻게 하면 좋을까? 안내원은 전문가 이기는 하지만 의사는 아니다. 불안하다. 전원이 건전지 정도의 것이 아닐 경우에는 특히 조심하자.

그런데 침, 뜸, 마사지 치료는 중국 4000년의 전통 있는 치료법이지만, 이따금 근대화(?)하여 전기, 전파 의료기를 갖추고 있는 치료원이 있다. 그러나 전기 치료에 4000년의 역사가 있을 리가 없다. 전기에 관해서는 이 책에서 설명해 온 전기 생체 효과의 영향이 있을 수 있다는 점을 고려하지 않으면 안 된다.

심장의 박동을 돕는 페이스메이커를 몸속에 넣은 사람이 마사지 치료원에서 전기, 전파 치료를 받고 페이스메이커가 정지해 버린 사례도 있다.

휴대용 무선 전화

언제 어디서나 누구와도 이야기 할 수 있다-이것이 이동 무선 통신 시스템의 최종적인 완성상이다.

우리 주변에서 통신의 진보, 역사를 뒤돌아보면 가정용 전화, 자동차용 전화, 그리고 개인용 휴대 무선 전화로 단계를 거쳐 개발이 진행되었다는 것을 알 수 있다.

여기에서 화제로 삼는 것은 특히 휴대용 전화로, 그 중에서도 송수신기, 송수화기를 일체화한 소형기이다. 볼에 밀착시켜 사용하는 이른바 전화기 형식의 것이다.

그런데 이 장치에서는 통신을 하고 있을 때 5W의 전파가 복사된다. 5W와 전력은 큰 전파 에너지는 아니다. 그러나 그 위치가 머리와 측면, 특히 눈에 가까운 장소가 되기 때문에, 그 생체 효과, 이른바 국소 부분 가열이 문제가 된다. 문제가 없는지 어떤지 현재 신중히 검토되고 있다.

미국의 예를 들어보자. 자동차 무선을 취급하는 어느 회사의 설명서에는 무선 통화 중에 안테나의 극히 가까운 곳에는 접근하지 말라고 쓰여 있다. 이 목적은 생체 장해가 일어났을 때 법정에까지 문제가 발전되는 것을 두려워해서 일 것이다.

그런데 현재 새로이 계획되고 있는 이동 무선 주파수인 1GHz 이상의 주파수에서는 전파가 머리 크기에 공진할 가능성이 있다. 머리는 인간이 인간다운 중추이다. 생체 효과에 대해서는

지금 눈이 뱅뱅 돌고 있습니다. 오버!!

충분히 생각해야 한다.

그런데 일본에서는 인정되고 있지 않는데도 불구하고 존재하는 불법인 CB무선이 있다. 100W 이상의 대전력 송신기를 자동차에 싣고 대화를 즐기고 있는(?) 사람들이 있는 것이다. 그들은 그런 대전력 전파를 쬐고 어떻게 될까? 나중에 가서 이러쿵저러쿵 해서는 때가 늦다.

이동 무선으로 장시간 이야기를 하고 있노라면 눈이 아파진다, 혀가 잘 돌아가지 않게 된다는 등의 소문도 아마추어 무선가들 사이에서는 화제로 되어 있다. 어쩌면 강한 전력을 사용하고 있는 것은 아닐는지?

그런데 형태가 비슷한 것으로서 옥내에서 사용하는 코드가 없는 전화기가 있다. 이것은 한정된 범위의 공간에서 사용하는 것이며 그 사용 전력도 극히 적다. 전파 생체 효과 운운하면 웃음거리가 될 것이 뻔하다.

우주 위성 발전소

지구의 화석 연료에도 한계가 있다. 그렇다고 해서 핵융합 발전의 불도 아직 점화되지 않았다. 인류의 에너지 자원은 어떻게 하면 좋을까? 이것이 큰 문제이다.

그래서 정지 위성 궤도에 발전소를 건설하려는, 스케일이 큰 이야기가 대두되었다. 태양 전지를 세로 10㎞, 가로 5㎞의 면에 배열하고, 거기에서 얻어진 5GW의 전력을 2.45GHz의 마이크로파 전파로 변환하여 지상으로 보내려고 하는 구상이다.

지상에서는 지름 10㎞에 걸친 넓이에 배열된 130억 개의 안테나로 그 전파를 수신하여 다시 전기로 변환한다. 정말로 큰 계획이다.

이 계획 자체는 인류의 장래를 생각한 생존계획이지만 문제가 없는 것은 아니다. 이와 같은 대전력 전파를 대기 속으로 전송할 때 무엇이 일어날까?

전리층을 포함한 지구 환경의 변화, 그리고 통신, 전파 천문 관측에의 방해 등이 생각되지만, 생체에 대한 영향도 무시할 수 없다. 수신 안테나 부근의 전파 환경에 대해서도 충분히 검토해 두어야 할 것이다. 그 안테나의 상공을 나는 철새에게도 장해를 주지 않는 시스템이어야 한다.

모처럼 에너지가 보내져도 인간이 없대서야 아무것도 아니다.

안전 기준과 행정

세계적인 시야에서 살펴볼 때, 전파 장해의 문제가 표면화하고 있고, 머릿속의 문제가 아니라 현실의 사회 문제로 옮아가기 시작하고 있다. 그것은 시대의 추세일 것이다.

미국에서의 한 예를 들어 말하겠다.

엠파이어스테이트 빌딩의 통신 회사 종업원이 뇌의 변조, 육체 조직의 손상, 동맥 경화 촉진 때문에 사망했다. 그 때 산업 재해 보상위원회는 그 원인을 마이크로파를 쪼인 것에 의한 것이라고 공식으로 인정하고, 통신 회사에 대해 그 가족에게 보상금을 지불하도록 결론을 내렸다(1981).

이런 종류의 문제에 대해 행정부측은 어떻게 대응하고 있을까? 어떠한 전파 안전 기준값을 설정하고, 그것을 판단 기준으로 하여 결단할 것이다.

그런데 현재의 미국에서는 각 주가 저마다 다른 전파 안전 기준을 설정하여 대처하고 있다. 그들의 근거도 구구하다. 그래서 안전 기준을 국가 수준으로 통일하도록 기업도 주민도 요망하고 있는 모양이다.

현재, ANSI ′66 안전기준(2장 참조)을 따르고 있는 군부도 새로운 기준으로 변경하는 방향으로 검토하고 있지만, 그 준비에는 5년 정도가 걸릴 것이라고 한다.

이런 종류의 변경에 금방 대응할 수 없는 것은, 그것과 관계되는 회사 측의 기술 수준의 향상 문제와 사용자측의 경제성의 문제가 얽혀 있기 때문이다.

그런데 일반적으로 말하면, 안전 기준을 법제화하는 노력으로는 먼저, 그 전파 환경을 올바르게 파악하는 것이 선결 문제이다.

기술면에서 말하면 전파 환경 측정기의 표준화와 측정법의 확립이 불가결할 것이다. 그리고 또 전파 방호복 등의 개발도 그 판단 기준을 변경하는 가늠이 된다.

또 행정면에서는 전파 이용 시설에 대한 현장 검사가 불가결할 것이다. 그리고 이 검사에서 기준을 충족시키지 못하는 시설에는 그 대책을 요구할 수 있게 하지 않으면 안 된다. 이때 그 시설에서의 측정 데이터도 당국측은 공표해야만 한다.

이들 안전 기준 등 전파 환경에 관계되는 문제의 입법화에 대해서는 현재 문제가 명확하지 않은 만큼 충분히 신중하게 생각해야만 한다. 그렇다고 해서 늦추어도 되는 문제는 아니다. 조급하게 서둘러 실수를 해도 안 된다.

6장
전파 작용의 이야기를 어떻게 보아야 할까?

전파 생체효과에 대해서는 이해했으리라고 생각한다.

그들의 화제에 대해서도 이제는 적극적으로 참가할 수 있을 것이다.

그러나 그러한 당신에게 생체 효과를 보는 눈이 갖추어져 있을까?

6장에서는 그것을 확인하기 위한 문제를 모아 보았다.

반드시 읽어보고 과학적인 사고 방법에의 이해를 깊이 해 주었으면 한다.

결과는 재현할 수 있는가?

전파 생체 효과에서는 누구나가 확실히 아는 열 효과 이외의 현상에 대해서는, 그 현상을 과학의 수준까지 끌어올리는 노력이 필요하다. 확실히 알려져 있지 않은 생체 효과에 대해서는 거기서 언급되는 내용에 부화뇌동(附和雷同)해서는 안 된다. 그러기 위해서는 그 현상을 잘 관찰하고 분석하여, 용어와의 대응, 정의 설정 등을 하여, 문제의 대상을 누구나가 올바로 판단하고 음미할 수 있도록 하지 않으면 안 된다. 이와 같은 과정에서 일반인들이 판단을 그르치기 쉬운 문제점에 대해 의식해둘 필요가 있다. 우선은 현상의 재현성의 문제로부터 시작해 보자.

생체에 관계된 실험은 미묘하다. 조사 대상으로 삼는 물질만 하더라도 아주 작은 양을 다루기 때문에 정밀도의 점에서도 주의가 필요하다.

생체 실험에서는 완전히 동일하게 실험을 해 보아도, 어떤 연구 기관에서는 긍정적인 결과가 나왔지만, 다른 곳에서는 부정적인 결과가 나왔다는 일이 흔히 있다. 그들의 어느 쪽을 믿어야 할까? 그것을 결단하기 전에 양쪽의 상황을 잘 조사해 둘 필요가 있다.

같은 그룹에서도 시기를 다르게 하여 실시한 실험에서는 다른 결과가 나오는 일이 있다. 멜라토닌의 측정을 시도한 윌슨(B. W. Wilson)의 실험(1981~1984)의 예에 대해 살펴보자.

초저주파가 인간의 바이오리듬에 관계한다는 보고를 알고, 그 사실을 한발 더 깊이 해명하기 위해 그들은 초저주파와 멜라토닌의 관계를 조사하기로 했다. 멜라토닌은 일주 리듬, 체내

시계, 시간 감각에 관계하는 호르몬이다.

그들 그룹에서 실시한 최초의 실험에서는 60㎐, 1.5㎸/m의 전기장을 송과선(松果腺) 조직에 가했더니, 송과선에서 멜라토닌의 야간량(夜間量)의 감소가 인정되었다.

그래서 다음 단계로 이 감소량을 정량화하기 위해 그 실험의 정밀도를 높여 반복했던 결과, 아주 뜻밖에도 전파는 다른 결과가 나왔던 것이다.

이들의 상이한 두 결과에 의문을 느끼고 자세히 조사해 본즉, 다시 한 실험에서는 실험실의 창문이 충분히 가려져 있지 않아 빛이 섞여들고 있었던 점, 그리고 또 송과선 조직을 냉각하고 있었기 때문에, 실험에 사용한 효소가 충분히 작용하지 않았던 점 등이 밝혀졌다. 그래서 이런 점들을 고쳐 다시 실험을 했더니 처음과 같은 실험 결과가 얻어졌다고 한다.

이 예에서 보는 것과 같이 생체 실험에서는 고려해야 할 환경 파라미터의 수가 너무나 많다는 것을 알 수 있다. 적어도 그 현상에 아주 접근해 있지 않는 한 하나라도 파라미터가 다르면 다른 결과가 나오고 마는 것이다.

어떤 때는 나타나고, 어떤 때는 나타나지 않는 현상에 대해서는 그것이 나중에 큰 문제를 일으킬 만한 결과라면, 그 현상이 확정될 때까지는 하나의 시사(示唆)로 받아들여야만 할 것이다.

데이터는 충분히 있는가?

결과에 대한 사례가 적으면 그 현상이 참인지 거짓인지 판정할 방법이 없다.

'의심스러움은 벌하지 않는다'라는 말은 형법의 기본적인 자세이다.

과학의 경우에는 이 말을 어떻게 바꿔 놓아야 할까? '의심스러움은 과학적 사실로 인정하지 않는다. 하지만 마음속에서 유식한 사람은 의심한다'고 해야 할 것이리라.

1962년, 태평양의 존스톤 섬 상공에서의 우주 공간 핵폭발 실험이 실시되었다. 이때 핵폭발로부터 펄스 모양의 강력한 전파인 핵전자기 펄스가 발생했다. 그리고 그곳에서부터 수천 킬로미터를 떨어진 하와이 제도에서 전기 장치가 부서지는 등의 장해가 발생했던 것이다. 그 이후 이 핵전자기 펄스가 통신망을 마비시킬 가능성이 있다는 것이 인식되었다. 큰 사건이라고 느낀 미국에서는 1968년부터 이 핵전자기 펄스의 시뮬레이션 실험이 시작되었다.

그리고 이 계획에 참가하고 있던 보잉 회사에서의 일이다.

핵전자기 펄스 모의 발생 장치 관계의 17명의 기술자 중에서, 1971년까지 두 사람의 백혈병 환자, 한 사람의 피부암 환자가 나왔다. 그것도 발병한 사람들은 30대, 40대의 한창 일할 나이였다. 혹시 장기간에 걸쳐 모의 펄스 전파를 쬐인 것이 신체에 작용하여…? 이것은 관계자에게는 큰 충격이었다.

그러나 이와 같은 사례만으로 핵전자기 펄스와 암 발생의 인과 관계를 결론지을 수는 없다. 이것을 뒷받침하기 위해서는 자료와 사례가 부족하다.

암이 되는 원인은 수없이 많다. 그들 가능성을 하나하나 완전히 소거법으로 지워가지 않으면, 최종적으로 그 원인을 핵전자기 펄스의 실험 때문이라고 하는 단정이 과학적으로는 불가능하다.

예를 들면 미국 해군의 전파 항법 TACAN국의 어느 국의 보수원 중에서 1973년까지 3명이 암에 걸렸다는 보고가 있다. 한 때는 마이크로파 전력관의 클라이스트론에서 누설된 전파가 의문시되었다. 그러나 최종적으로는 전파와 동시에 클라이스트론에서 발생하고 있던 X선에 의한 것이라고 결론지어졌다. X선은 전파보다 훨씬 더 무서운 전자기파임에도 불구하고 클라이스트론을 보수할 때 X선을 차폐하는 덮개를 언제나 벗겨놓고 있었던 것이다.

과학은 직감이 아니라 사실의 축적이다. 과학에서는 사건이나 사상(事象)이 어느 양 이상 모아지지, 않는 한, 이야기가 진전되지 않는다. 특히 전파 생체 효과와 같이 그 정체를 잘 모르는 것에 대해서는 더욱 그러하다. 그것을 입증하는 데는 긴 세월이 걸릴 것이다.

통계적 수법의 함정

전파 생체 효과의 인과 관계를 임상적으로 조사하기 어려울 때에는 어떻게 하면 좋을까? 하나의 돌파구로서 의학에서 사용되는 역학적(疫學的) 방법이 있다. 원인과 결과의 관계를 통계적으로 조사하는 방법이다.

역학적 방법은 이를테면 '지역별 고혈압 환자수와, 지역별 염분 섭취량'의 조사와 같이 통계적인 입장에서 그 병의 인과 관계를 파악하려는 간접적인 방법이다.

전파 생체 효과에서는, 이 역학적 방법으로부터 어떠한 결과가 얻어지고 있을까?

밀함(S. Jr. Milham, 1985)이 전기 관계의 직업에서 조사한 1

만 사례를 넘는 조사 결과로는 백혈병, 악성 종양에 의한 사망자가 많고 당뇨병, 심장병, 간 경변이 적다고 지적되어 있다. 그러나 50~60㎐의 초저주파 전파에서의 동물 실험에서는 백혈병이 발증한 보고 사례는 아직 없다. 이와 같은 일도 있고 하여 의학 세계에서는 초저주파 전파를 쬐는 것과 악성 종양의 관계를 과학적 견지에서는 인정하지 않고 있다. 역학적 방법은 인과 관계를 시사하는 것으로서의 값어치 이상의 것은 없다고 말할 수 있을 것 같다.

그런데 이 통계적인 역학 조사에도 의외의 함정이 있다. 그 한 예로, 너무나도 유명해진 웨타이머들의 생체 효과 조사 사례에 대해 살펴보자.

대전류 송전선과 어떤 종류의 암, 예를 들면 소아 백혈병이나 뇌종양과의 사이에 통계적인 관계가 있다고 웨타이머(1979, 1982)는 발표했다. 아무래도 초저주파 자기장이 암 발생의 촉진 요인인 것 같다는 것이다.

이 결론은 미국 덴버 지구의 암 사망자 344명의 가정을 사망 진단서에서 골라내어, 송전선에 가까운 지역과 먼 지역으로 나누어 조사 분석한 결과라고 한다.

그러나 이 조사에서는 가장 중요한 물리량인 그 당사자가 송전선으로부터 받았다고 생각되는 총 자기장량에 대해서는 조사되어 있지 않다. 또 이 조사는 가정을 대상으로 한 것이지 개인을 대상으로 한 것은 아니었다. 이를테면 그 사람이 담배를 많이 피웠다든가, 그 사람의 체질이라든가, 그 사람이 전기에 관계된 일을 하고 있었느냐는 등에 대해서는 처음부터 고려하지 않았던 것이다.

이 웨타이머들의 결론에 대해 의문을 가진 그룹이 미국의 로드아일랜드 지구에서 동일한 추시 조사(追試調査)를 실시했다. 이 추시에서는 웨타이머들의 결론에 대해 부정적인 결과가 나왔다. 그러나 스웨덴의 스톡홀름에서 토메니우스(L. Tomenius)가 조사(1986)한 것에서는, 조사 규모를 2배인 716명으로 하고, 대상군(對象群)도 연령, 성별, 소속 교회 등을 선별하여 자세히 조사해 본즉, 악성 종양에 대해서는 긍정적인 결과가 나왔다. 그러나 백혈병, 뇌종양에 대해서는 특별히 두드러지게 많지는 않았다고 한다.

통계적 조사에서는 관계가 없는 집단이 조사 대상의 모집단에 포함되어 있을 때, 거기에 문제가 잠재해 있더라도 희박화되는 결과로 되어 버린다. 그리고 전체적으로 거기에 뜻이 있는 차이 즉, 유의차를 발견할 수 없게 된다. 또 모집단이 그런 목적을 위해, 바로 그 모집단으로 되어 있지 않을 때에는, 어떤 때는 각기 다른 결과가 나오는 그와 같은 일도 일어날 수 있다.

보였다 안보였다 하는 현상에는 거기에 무엇인가 있을 것 같다는 것은 알고 있지만 말이다.

생체 실험의 두 가지 입장—인 비보와 인 비트로

동물은 생물이며 살아 있는 상태에서 실험을 하는 것이 생체 실험이다.

3장에서는 여러 가지 동물 실험 사례에 대해 설명했지만, 동물 실험이라고 한마디로 말하더라도 실은 본질적으로 다른 두 가지 입장이 있다는 것을 여기에서 명확히 해두고, 그들 사이에 혼동이 없도록 해두고 싶다.

그런데 그 첫 번째 입장이라는 것은 일상생활의 그런 상태를 가능한 한 유지해 가면서 하는 실험이다. 이 실험법은 생체내 (in vivo) 실험이라 불리고 있다. 이 실험에서 특히 전신 현상의 관찰을 의식할 때에는 전신 실험이라는 말도 사용되고 있다. 3장에서의 동물 실험은 거의가 이런 종류의 실험이었다.

이 체내실험에서는 있는 그대로의 현상을 관찰할 수 있는 이점이 있다. 그러나 미묘한 현상을 대상으로 할 때에는 여러 가지 요소가 개입하기 때문에 판단이 매우 어려워지는 난점이 있다.

그것과는 대조적인 두 번째 입장으로서, 예를 들면 동물의 뇌를 생체로부터 떼어내어 실험실에서 하는 실험이 있다. 이 실험법은 시험관내(in vitro) 실험이라 불리고 있다.

조금만 생각해보면 알 수 있듯이 인 비트로로 얻어진 결과는 같은 생체 실험이라 하더라도 생체계 전체를 총합적으로 본 결과라고는 할 수 없을 것이다. 그래서 인 비보 상태에서도 같은 결과를 얻을 수 있을지 어떨지를 뒤에 반드시 검토할 필요가 있다. 그러나 인 비트로에서는 무어라 하더라도 실험 환경을 올바르게 컨트롤할 수 있는 이점이 있다. 이 때문에 이론을 조립하거나 현상의 설명 등을 생각하는 목적에서는 인 비트로는 매우 유효한 방법이라 할 수 있다.

생체 효과에서 동물 실험의 이야기가 나왔을 때는 여기에서 말한 어느 쪽의 실험인가를 먼저 염두에 두어야 한다.

그런데 과학을 여기까지 진보시킨 사상에 데카르트(R. Descartes)의 환원주의(還元主義)적 수법이 있다.

그 수법에서는 먼저 대상을 간단한 것으로 분해한다. 그리고

각각의 부분은 아름답지만……

분해된 개개의 대상에 대해 자세히 조사하여 이해하고, 그 후에 그것들을 모아 전체상을 파악하려고 한다. 생체 효과에서 말하면 먼저 인 비트로 실험, 그리고 인 비보 실험으로 넘어간다. 바로 그러한 사상이다.

이 환원주의적인 사고 방법은 물질을 상대로 한 과학 분야에서는 큰 성공을 거두었다는 것은 누구나가 인정하고 있다. 그러나 생체 효과 분야에서는 어떠할까? 대상을 분해함으로써 상실되는 성질 중에는 뒤에 합성에 의해서는 재현될 수 없는 부분도 있을 것이다.

우리 머릿속에서는 인 비보가 아니면 얻어지지 않는 현상도 있다는 것을 유의해 두어야 할 것이다. 예를 들어 미인에 대해 생각해 보자. 데카르트식으로 인체를 분해하고, 각각으로 분해된 것 중에서 개별적으로 훌륭한 것을 골라내어 그 부분 부분을 끌어 모아보면 미인과는 거리가 먼 것으로 될 것이다.

동물과 인간의 차이

13장에서는 동물의 생체 효과에 대해 여러 가지로 설명했다. 이 동물 실험의 결과를 곧바로 인간에게 적용시킬 수 있을까? 이에 관하여 단락적으로 생각하는 것은 아무래도 속단일 것 같다. 이 점에 대해 여기에서 검토해 보자.

동물과 인간은 생체로서는 아주 닮았지만, 생리학적으로 보았을 때 거기에는 큰 차이가 있다. 이 사실은 누구나가 인정할 것이다.

여기에서는 전파 생체 효과에서 화제가 되는 열작용에 한정해서 생각해 보기로 한다.

먼저 사람과 원숭이에서는 단순하게 관찰해 볼 때, 체중과 표면적의 비율에 차이가 있다는 것을 알 수 있다. 또 같은 동물이라도 원숭이와 토끼는 발한(發汗), 열방산의 메커니즘이 다르다. 열을 체내에 확산시키는 혈관 분포도 다르다.

그러나 이러한 동물 상호간의 생리학적인 차이를 무시하고 단순하게 저마다 동물의 형태를 한 고기 덩어리라고 생각한 때에도, 실은 전파에 관해서는 큰 차이가 있다. 이 사실을 먼저 인식해야 한다.

그런데 전파는 이름 그대로 파동이다. 그리고 일반적으로 말해서 파동에는 공진 현상이 따르기 마련이다. 그래서 동물이 전파를 쪼일 때 동물 개체의 그 크기에 맞춰 전파가 공진 현상을 일으키게 된다. 이때 외부의 전파가 근소한 것이더라도 공진 현상은 그것을 증폭하여 체내로 크게 수용해 버린다. 전파 생체 효과가 특별한 주파수에 의해 강조되는 이 사실은 중대하다.

실제로 조사해 보면, 작은 동물은 높은 주파수의 전파에 공

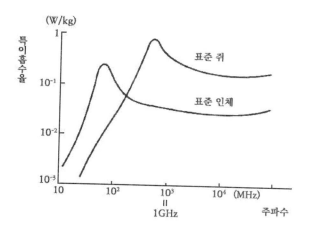

〈그림 19〉 흡수 전력의 공진특성: 1㎽/㎠의 평면파를 쬐었을 때
〔C. Durney, Electroagnetic Dosimetry for Models of Humans(Proc. IEEE)〕

진하고 있다. 예를 들면 쥐의 공진 주파수는 1GHz 근처에 있다. 그리고 인간의 경우에는 신장 175㎝의 표준 인체를 상정했을 때, 전신이라면 70MHz 부근에서 공진한다. 팔뿐이라면 300MHz 부근에서 공진한다. 이 전신에 의한 공진 곡선의 한 예를 〈그림 19〉에 보여둔다.

이 곡선을 자세히 살펴보면, 같은 전기장 강도라도 1GHz와 70MHz에서는 인체에 대한 전파의 흡수량은 10배 가까이나 다르다는 것을 알 수 있다(같은 인간을 생각해 보더라도 아기, 어린이, 그리고 어른에서는 전파 흡수량이 각각 달라진다).

이들 사실로부터, 정성적인 논의라면 동물과 인간은 유사한 경향이 있다고 이해할 수 있어도, 이야기가 정량적인 것이 되면 단순 계산으로, 동물로부터 인간으로의 변환을 대응시키는 일은 간단치 않다. 공진 현상은 단순한 현상이 아니기 때문이다.

동물 실험으로부터 인간에게 일어나는 현상을 예측하는 것은 그것만으로도 큰 테마일 것이다. 이를 위해서는 사람에게서 조사하는 항목과 사항에 대해 생리학적, 생화학적으로 근사할 수 있는 실험동물을 선택하지 않으면 안 된다. 예를 들어, 사람의 피부의 화학 물질에 의한 영향을 연구할 때는 실험동물로서 돼지가 선정되고 있듯이 말이다. 동물이라면 무엇이든지 다 좋다는 것은 아니다.

동물 실험에도 세세히 살펴보면 여러 가지 문제가 있다. 그러나 거기에서 얻어진 결과는 인간에게 대한 하나의 경고로서 이해해야 할 것이다.

통계적 수법으로부터 누락되기 쉬운 개체차

같은 인간이라도 천차만별이다. 연령, 건강 상태, 환자, 임산부, 유아, 태아, 알레르기 체질인 사람 등 여러 가지가 있다. 그래서 자기와 남에게서는 전파 생체 효과도 달라진다.

전파에 강한 사람이라는 것은, 우선 전파를 흡수하기 어려운 체질, 그리고 전파에 대한 순응력이 있는 사람, 또 전파로 신체에 변조를 일으켜도 회복 능력이 크고 빠른 사람일 것이다,

동물 실험에 의하면, 기아 상태, 탈수 상태, 비타민 B_1 결핍 상태는 마이크로파에 대해 저항력이 약화된다고 한다〔와치(和知) 1968〕.

그런데 보통 사람에게는 아무 일도 일어나지 않더라도 그 사람에게만 일어나는 이른바 특이 체질의 사람들, 또는 어떤 사정으로 건강 레벨이 낮아져 있기 때문에 영향을 받기 쉬운 사람들이 있게 마련이다. 전파 생체 효과에서도 그런 점을 잘 고

려하지 않으면 안 된다. 전파 특이 체질을 찾아내어, 그에 입각해서 전파 증후군을 생각하는 것이 반드시 필요하다.

전파와 관계가 깊다고 하는 자율 신경계를 생각해 보자. 교감 신경이 흥분하기 쉬운 타입, 부교감 신경이 흥분하기 쉬운 타입, 양쪽 신경이 자극되기 쉬운 사람, 자극되기 어려운 사람 등이 있을 것이다.

어떤 현상에 대해 어느 기관에서는 긍정적인 결과가 얻어졌지만, 한편 다른 기관에서는 부정적인 결과도 나온다. 이와 같은 현상에 대해서는 '통일적 결과가 나와 있지 않으므로 진실이 아니다'라고 하는 사고 방법도 있다. 반대로 '통일적인 결과가 나오지 않는 것이 진실이다'라고도 말할 수 있다. 빠듯한 한계 레벨에서의 실험이기 때문에 사실이 보였다, 보이지 않았다 하는 것이다. 아니 거기에는 개체차가 나타나는 것이라는 등 여러 가지로 해석이 갈라진들 이상하지 않다고도 할 수 있다.

특이적 성질을 지워버리고 일반적인 성질을 추출하는 방법은 비교적 간단하다. 그러나 그 반대로 일반적인 성질을 지워버리고 특이적인 성질을 추출하는 일은 통계적 수법을 사용하는 한 간단하지가 않다.

의사에게서 받은 약을 먹고 상태가 나빠지는 일이 있다. 그 의사는 대답한다. "당신은 보통 사람보다 민감한 모양이군요." 그 한마디로 책임을 회피할 뿐만 아니라 이야기를 진척시켜 나갈 탐구심마저도 받아들이려고 하지 않는다. 분명히 핑계인 것이다. 연구가 진척되면 그런 말은 없어질 것이다.

1㎠당 200㎼의 전파 환경 상태인 중국의 공장에서 1,300명을 조사한 결과, 서맥(徐脈, 맥이 느려지는)을 호소한 사람은 전

체의 3.93%(정상은 0.42%)이고, 신경계의 이상을 호소한 사람은 24%(정상은 11%)가 있었다고 한다.

전기나 전파에 민감한 사람은 극히 소수이기는 하지만 확실히 있는 것 같다.

쬐는 전력과 시간

전파 생체 효과를 판정할 때에 먼저 생각해야 할 일에 쬐는 전력과 쬐는 시간의 관계가 있다.

전파 생체 효과에서는 강한 전파를 단시간 쪼일 경우, 약한 전파를 반복하여 긴 시간 동안을 쪼일 경우, 그리고 극히 미약한 전파를 장기간 쪼일 경우의 세 가지 경우를 고려해 두지 않으면 안 된다.

강한 전파를 단시간에 쪼일 경우는 직장 등에서 잘못하여 쬐게 되는 케이스가 많다. 이와 같은 때는 그 장소에서, 또는 조금 지난 후에 그 작용을 알아차린다. 그래서 전파와 전파에 의해 일어난 결과와의 인과 관계를 곧 발견할 수 있어 그 현상의 연구나 확인도 비교적 쉽다. 3장에서 설명한 생체 효과의 대부분은 이 그룹에 들어가는 구체적인 사례이다. 이런 종류의 조사(照射)에 대해서는 연구도 진척되어 있고, 쬐는 전력과 쬐어진 시간의 관계를 정리한 전파 안전 기준이 여러 가지로 제안되어 있다.

그런데 단시간을 쪼임으로써 특별히 눈에 띌 만한 변화를 일으키지 않는 전력 레벨의 전파를 장기간 쬐었을 때는 어떻게 될까? 이 문제에 대해서는 과학적으로 아무것도 알지 못하고 있다.

　그 첫 번째 이유로는, 그것에 의해 어떤 현상이 일어나는지 우선 그것을 알기 어렵다는 점을 들 수 있다. 3장과 6장에서 설명하고 있듯이 그런 사례의 자료가 적다는 점, 또 역학 조사에서 발견된 결과에 대해서도 그 과학적 관점이 확실하지 않다.

　두 번째 이유는 실험에 경비가 많이 들고 추시가 곤란한 점이다. 3장의 예에서는 장기간의 동물 실험은 약간의 사례밖에 없고, 또 그 결과의 해석에도 어려운 점이 있었다.

　그러나 인간의 직감으로서는 낮은 레벨의 전파라도 장기간을 쬐는데 따라서 무엇인가 일어나리라고 생각한들 이상할 것은 없다. 장기간을 쬐는 경우의 전파 안전 기준은 단시간을 쪼일 때의 10분의 1 부근에 있는 것 같다는 것을 쥐의 실험으로부터 예측한 사람도 있다〔안드레아(J.A. D'Andrea), 1986〕.

　그런데 단시간을 쬐는 것과 장기간을 연속적으로 쬐는 중간에, 미약한 전파를 반복하여 장기간 쬐어지는 경우를 생각할 수 있다. 한번 한번을 쬐는 데서는 어떤 일이 일어나더라도 곧 본래의 상태로 회복하지만, 너무 여러 번을 거듭했기 때문에 끝내는 본래의 상태로 되돌아가지 않게 되는 스트레스 현상도 있을는지 모른다.

이온의 유무

　전파의 생체 효과에는 크게 나누어 두 가지 상태가 있다.

　첫째는 그 환경에 이온이 존재하고 있어, 거기서 이온의 화학작용이 일어나고 있는 경우이다. 그리고 둘째는 그 환경에 이온이 존재하지 않고, 거기에서는 전파의 물리 작용만이 일어나는 경우이다. 보통 전파의 생체 효과라고 하면 이온이 존재

초고압 송전선 밑에서는 이온이 날아 내리고 있다

하지 않는 둘째 상태인 비전리(非電離) 환경을 가리키고 있다.

그런데 자외선 등의 고에너지 전자기파나 대전력 전자기장 중에 존재하는 기체는 그 전기 에너지를 받아, 전리된 기체—이온으로 된다. 이 이온은 활성화되어 있는 화학 물질로 생체에 특별한 화학 작용—이온 효과를 일으킨다. 이 이온의 작용이란 어떤 것일까?

비근한 예로는 자외선을 사용하는 기계 주위에서 독특한 냄새를 내고 있는 오존이 있다. 오존은 이온화된 산소로 대량을 흡수하면 동계(動悸), 숨참, 하품, 호흡 곤란 등의 증상을 일으킨다.

초저주파 전파나 직류 전기장에서도 전기장이 강한 곳에서는 그 주위의 공기가 미약하지만 이온화되어 있다.

신문에 보도된 이야기이지만 UFO의 추진력이 이온 로켓이라고 생각한 거리의 아마추어 UFO 연구가가 수만 볼트를 건 전극으로 이온흐름(流)을 발생시켰더니, 왠지 위가 상했다고 한다.

아마 부유 이온을 흡수했기 때문일 것이다.

초고압 송전선 바로 밑에서는 초고압 전기장으로부터 발생하는 극히 미량의 이온이 지상으로 내려와 식물의 생육에 영향을 끼치고 있다고 한다.

이 강하(降下) 이온의 양이 조금인 때는 식물의 생육이 촉진된다는 것이 알려져 있다. 그러나 그 양이 많아지면 전기장과 복합적으로 작용하여, 식물 표면에 코로나 방전이 발생하여 식물에 장해를 주게 된다.

식물에 전기장을 가하는 연구는 18세기의 정전기전기(靜電起電機)의 발명 때부터 긴 역사를 갖고 있다. 전자기적(電磁氣的) 수법을 이용한 촉성재배(促成我培)는 태양빛이 적은 북유럽에서 19세기 말부터 시작되었다.

쬐는 환경

생체가 전파를 쬐는 상황은 저마다 구구하다. 그 중에서 과학적 사실을 얻기 위해서는 현상을 잘 관찰하여, 거기에 있는 본질을 잡지 않으면 안 된다.

그 구체적인 이야기를 해보자.

전파가 전파하는 지표면에는 전파 환경을 변화시키는 여러 가지 것이 있다. 한 예로는 자동차가 있다.

전파가 쬐어지고 있는 환경에 자동차가 존재할 때, 그 차체 주변에서는 자동차가 없을 때보다 있을 때가 그 곳에서의 전기장 값이 커진다는 것이 알려져 있다. 이와 같은 존재물에 따른 전기장의 변화는 환경 기준을 정할 때 무시할 수 없다. 전파가 된 기분으로 주위의 환경을 살펴볼 필요가 있을 것이다. 이상

146

적인 상태를 생각하는 나머지 현실 문제를 잊어서는 안 된다.

또 사소한 문제이긴 하지만, 전파원에서 먼 곳과 가까운 곳에서는 그 전파 효과도 달라진다.

이론적으로 말하면 전파원으로부터 떨어진 곳에서는, 전파는 평면 상태에 가까운 구면파로서 전파한다. 거기에서는 전파의 전기장 성분을 알면, 그 자기장 성분은 전기장과 자기장의 이론적인 비례 관계(평면파 근사)로 간단하게 구해진다. 그 대응 관계로부터 그 곳에서는, 물리적으로는 전기장과 자기장이 일체화하여 생체 작용을 일으키고 있다고 생각해도 될 것이다.

그러나 전파원에 충분히 가까운 곳에서는, 평면파적인 그 비례 관계는 이미 성립하지 않는다. 그래서 그 전기장 성분으로부터 자기장 성분을 구하는 것은 유감스럽지만 불가능하다. 더욱 곤란한 일은 전파원이 가까운 곳에서의 전자기장의 분포를 이론적으로 구하는 것도, 실측하는 것도 간단하지가 않다는 점이다. 이것은 전파원 가까이에서의 생체 효과에 대해 문제를 한층 더 복잡하게, 생각하기 어렵게 만들고 있다.

전기장과 자기장은 각각의 생체에 대한 작용이 다르다. 그들 사이에 비례 관계가 성립하지 않을 때는 전기장, 자기장의 생체 효과를 종합한 평가는 어렵다. 그와 같은 어려운, 일도 발생한다. 예를 들면 소형 무선기를 얼굴 옆으로 가져왔을 때의 전자기장의 분포 등은 꽤나 다루기 어렵다.

이럴 때, 이론면이건 실제면에서건, 그 현실 상태의 전파를 쬐는 환경을, 우선 충실하게 모델화하는 것으로부터 연구가 시작된다. 환경의 모델화는 그것만으로도 큰 테마이다.

비전파 증후군—자율 신경 실조

전파와 관계가 있는 것 같으면서도 사실은 전혀 관계가 없는 현상도 있다. 그것들에 대해 약간 언급하기로 하자.

1장에서 말한, 전파를 다량으로 쬐었을 때에 일어나는 전파 증후군은 전파에 특유한 것일까? 아니, 그렇지는 않다. 전파를 쬐인 확실한 증거가 없을 때는 그 점의 판단이 참으로 어려워진다.

막연한 신체적인 부조(不調), 더욱이 이것에 대응할 만한 기질적(器質的)인 뒷받침이 없는 것에 이른바 부정 수소(不定愁訴)가 있다. 이 증상은 호르몬의 균형이 바뀔 때에 자주 일어난다고 알려져 있다.

예를 들어 여성이라면 사춘기, 월경 때, 임신 때, 갱년기로 거의 일생에 걸쳐 발증하고 있다.

이들 중에서 자율 신경에 관계되는 것은 신경질, 안면 홍조, 흥분, 피로, 권태, 우울, 조급증, 수면 장해, 심계 항진(心傳充進), 호흡 곤란, 현기증, 기억력 감퇴, 두통, 마비감, 지각 과민, 후두부 통증, 발한(發汗) 등 여러 가지이다. 이 증상과 〈표 2〉의 증상을 차분히 비교해 주었으면 한다. 너무나도 비슷한 점에 놀라움조차 느낀다.

증상이 전파의 수소(愁訴)와 유사해도 원인은 여러 가지가 있다. 단순한 증상으로부터의 단락적인 자기 판단은 금물일 것이다.

과학적 근거가 없을 때에 자기 판단으로, 전파가 원인일 것이라고 생각하여 자꾸 깊이 빠져들면 끝이 없다. 그럴 때에는 혹시 자신이 노이로제가 아닐까 하고 의사를 찾아보는 것이 좋다.

7장
전파 작용을 알기 위한 기초의 기초

전파 생체 효과에 대해서는 대체적으로 이해했다.
그러나 전파의 물리적 성질에 얽힌 이야기일 경우,
조금은 이해하기 어려운 점이 있었을지도 모른다.
그래서 이번에는 전파란 무엇인가라는 기본과
그 생체 효과의 기초로 되돌아가서 살펴보기로 하자.
7장을 읽은 뒤에 다시 한 번 6장까지를 읽어보면
지금까지 알기 어려웠던 부분들도
자연스럽게 이해할 수 있을 것이다.

전파의 3요소란 무엇인가?

전파는 〈그림 20〉과 같은 평면 전자기파의 모델로 잘 표현된다. 그림에 보였듯이 전파는 전기장과 자기장이라고 하는 서로 다른 두 가지 물리적 성질을 동시에 지닌 파동이다. 이 전기장과 자기장은 각각 성질은 다르지만 독립해서 존재할 수 있는 것은 아니고, 서로 결합하여 일체화되어 있다.

이 전파를 나타내는 기본적인 양으로 주파수(파장), 진폭(강도, 에너지), 파형의 3요소가 있다.

한마디로 전파라 하지만, 이 3요소의 차이에 의해 전파 생체효과도 달라진다. 이 점을 먼저 이해해 두기 바란다.

주파수

전파는 〈표 5〉에 보였듯이 장파, 중파, 단파, 초단파, 마이크로파 등으로 그 파장 또는 주파수에 따라 세밀하게 분류되고 있다. 그리고 이들의 전파 분류는 스펙트럼이라 불리고 있다.

파장이란 〈그림 20〉의 모델에 보였듯이, 파동의 같은 상태가 반복되는 공간적인 간격이다. 또 이 파장은 파동의 같은 상태가 1초 동안에 반복되는 회수인 주파수로도 표현할 수 있다.

그런데 본래 장파장에서부터 단파장까지 연속된 스펙트럼을 지니고 있는 전파를, 특별히 세문하여 보여주는 〈표 5〉의 전파 스펙트럼의 분류는 역사적인 것으로, 지구 위에서의 전파의 전파 방법에 의한 것이다. 파장이 긴 무선 주파수대의 전파는 전리층에서의 전파의 반사 특성에 따라 분류되고, 파장이 짧은 마이크로파대에서는 대기 중에서의 전파의 전파 특성에 따라 나누어지고 있다.

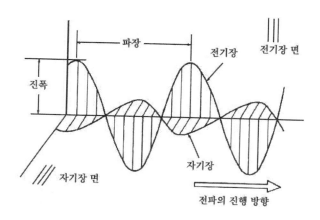

〈그림 20〉 진공 속을 전파하는 평면 전자파의 모델

　〈표 5〉의 분류에는 60㎐의 이른바 상용 주파수의 전력선의 전기도 포함되어 있으며, 그들은 초저주파 전파라 불리고 있다.
　그런데 전파의 생체 효과 입장에서, 이 전파 스펙트럼을 볼 때 무선 통신에서와 같이 세분할 필요는 없다. 전파와 생체 세포 조직의 결합 현상이라는 관점에서 분류할 때, 주파수가 100k㎐~300M㎐인 무선 주파수대와 300M㎐~300G㎐인 마이크로파대, 그리고 60㎐의 전력선을 포함하는 0~100㎐의 초저주파대의 세 가지 분류가 인공 전파로 생각하면 되는 주파수대이다. 생체에 있어서 전파를 감지하는 방법은 대충 말해서 세 종류 정도인 것 같다. 그 이유에 대해서는 뒤에서 설명한다.
　이들 주파수의 차이에 따른 생체 효과의 구체적인 차이는 3장에 설명한 바와 같다.

152

진폭(전력)

전파의 강약은 전파 생체 효과의 강약에 직접 관계하고 있다. 이 전파의 강약을 머릿속에서 생각하는 데는 어떻게 하면 좋을까? 여기에서 파동의 진폭 개념이 필요하게 된다.

진폭은 〈그림 20〉에 보였듯이 진동하고 있는 파동의 크기이다. 그런데 전파를 간단하게 생각할 때, 전파란 공간을 직진하여 전파하는 에너지의 흐름으로 이해하는 것이 알기 쉽다. 전파의 에너지는 전파의 진폭과 직접 관계하고 있는 물리량이다. 진폭이 커지면 거기로 운반되는 전파 에너지도 커진다.

이 전파 에너지의 흐름은 감각적으로는 전기장, 자기장을 하나로 묶어놓은 '전력의 흐름'이라는 이미지이다. 이 사고 방식은 마이크로파에서 자주 사용되고 있다. 전기장과 자기장을 하나로 묶어서라는 것을 전기장과 자기장 사이에 불가분의 상호 관계를 인정하는 입장이며, 전력의 흐름이 화살표로 표현할 수 있는 따위의 상태이다. 이와 같은 사고 방법일 때는 전력의 흐름(電力流)은 열에너지가 흐르고 있는 이미지로 파악되고 있어, 전파의 열작용을 주로 생각할 때는 편리하다.

전력의 흐름은 통과 면적에 관계하기 때문에 올바르게는 단위 면적당에 운반되는 전력-전력 밀도, 단위는 W/㎡ 등을 사용하여 나타내고 있다.

다음으로 무선 주파수대나 그 이하의 저주파가 되면, 전파의 에너지의 흐름이라고 하기 보다는 '전파의 강도'의 이미지를 머리에 떠올리는 편이 좋다. 전파가 전파해 오는 것이 아니라 전파 속에 있다고 하는 감각이다. 이때에는 전기장은 전기장, 자기장은 자기장으로서 서로 독립하여 생체에 작용한다고 생각한다. 전파로부터 생체로 유도, 발생한 전류에 의한 효과 등을 생각할 때 편리한 개념이다.

그 단위는 전기장은 V/m, 자기장은 A/m이다. 자기장 대신에 자기력 선속 밀도의 테슬라(T)를 사용하는 일이 많다.

전파 생체 효과에서는 각각의 사례와 주파수에 대응시켜 전력의 흐름과 전파 강도의 양쪽을 사용하고 있다. 그 구체적인 예에 대해서는 3장에서 보인 바와 같다.

이 전파의 진폭의 크고 작음에 따라서 전파의 열 효과, 비열 효과가 분류되고, 또 안전 기준도 정해진다. 전파 생체 효과를 생각할 때는 먼저 '얼마만한 강도의 전파를 쬐었는가?'를 알 필요가 있다. 그것을 결정하는 물리량이 전력의 흐름과 진폭이다.

파형에 따른 작용의 차이점

전파의 생체 효과는 전파의 파형과도 밀접하게 관계하고 있다. 특히 낮은 레벨의 전파를 쬐인 것에 의한 비열 효과의 문제에는 전파의 파형을 생각할 필요가 있는 것 같다.

전파의 파형은 〈그림 21〉에 보였듯이, 사인파〔正弦波〕 모양의 기본 파형 ⓐ과, 그것에 다른 사인파가 겹쳐 있는 방송 전파에 대표되는 것과 같은 변조 사인파ⓑ, 그리고 그들 파형과는 전혀 다른 레이더 전파와 같은 펄스 모양의 파형ⓒ이 있다. 이들 파형의 차이에 따라 전파 생체 효과도 달라진다.

사인파 모양의 기본 파형인 때는 마이크로파라면 열적인 작용만을 생각해 두면 될 것 같다.

그러나 초저주파로 변조된 마이크로파에서는 3장에서 보았듯이 비열적인 작용이 일어나는 것 같다.

154

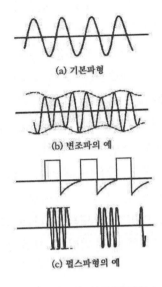

(a) 기본파형

(b) 변조파의 예

(c) 펄스파형의 예

〈그림 21〉 전파의 파형

　생체에 이런 종류의 전파가 쬐어지면 세포막의 어려운 비선
형성(非線型性)이라는 성질에 의해 검파되어 변조파로서의 초저
주파 전류가 나타나게 된다. 이 초저주파 진동이 뒤에서 설명
하는 생체 고유의 전기 파동 특성과 비열적으로 결합하여 무엇
인가 일어날 가능성이 있다. 이와 같은 구체적인 예에 대해서
도 3장에서 설명했다.
　다음으로, 펄스 전파와 같이 전체로서의 시간 평균의 전력
밀도는 낮지만 순간적으로는 높은 전력 값을 갖고 있는 것에
대해서는 어떠할까?
　이 경우에는, 예를 들어 3장의 마이크로파 가청 현상에서 보
는 것과 같은 순간적인 쪼임에 의한 순간적 열 효과의 반복,
또는 4장의 뼈의 재생 현상에 그 예를 보는 것과 같은 반복 주

파수의 변조 효과에 의한 비열적 효과의 어느 쪽도 일어날 수 있는 가능성이 있다.

생체 실험을 대신하는 생체 모델

전파를 쬐었을 때 생체는 어떠한 온도 분포가 될까? 생체의 어느 부분에 열이 집중할까? 그런 정보를 얻을 수가 있으면, 그 때에 일어나는 현상을 예측할 수 있을 뿐만 아니라 생체의 열 흡수량을 알기 위해서도 활용할 수 있다.

이와 같은 목적을 위한 온도 측정 실험법으로서 약간 대규모이기는 하지만 스플릿 팬텀(Split Phantom)법이 있다.

이 방법은 먼저 인체 모양을 한 플라스틱 용기에, 이를테면 한천(寒天)과 같은 졸(Sol)질에 염 등을 녹여 넣고, 인체의 전기 특성을 닮은 팬텀(실체는 없지만 눈에 보이는 환상)을 만든다. 그리고 그 팬텀 전파를 쬐는 것이다. 이때 전파 가열을 급격히 하여 쬐인 후에 바로 팬텀 속의 열전도가 무시할 수 있는 시간 내에 측정하고 싶은 부분을 잘라낸다. 그리고 그 부분의 적외선 사진을 찍어, 그 사진으로부터 온도 분포를 무접촉 상태로 측정한다. 이것이 이 방법의 골자이다.

그런데 생체 내의 열 집중도만을 보고 싶을 때는 좀 더 간단한 방법이 있다.

이를테면 인체 모양을 한 용기에 달걀의 흰자를 넣고 전파를 가하는 것도 하나의 방법이다. 그 흰자의 열에 의한 응고 상태를 사진으로 찍으면 간단히 열의 집중을 알 수 있다.

이것을 더욱 실용화한 것으로는 비이온 계면활성제의 담점(曇点)을 이용하는 방법이 있다. 물에 녹은 계면활성제에는 어느

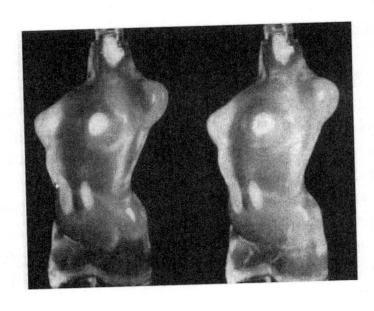

〈그림 22〉 인체 모델의 담점을 이용한 온도 분포의 스테레오 사진
[마우라(山浦逸雄)] 오모리(大森豊明) 편저, 『전자기와 생체』 일간 공업신문사

온도 이상이 되면 물에 용해되지 않고 미세한 물방울로 되어 급히 석출(折出)되는 성질이 있다. 바로 이 현상을 이용하는 것이다. 〈그림 22〉는 이 방법에 의한 인체 모델의 열집중을 보인 사진이다. 이와 같은 사진을 스테레오로 촬영하면, 그 모델에 접촉하지 않고서 그 고온 부위를 알 수 있다.

이상은 3차원적인 온도 분포를 구하는 방법이지만, 2차원적이라면 그 부위에 지온도료(指溫塗料)를 바르거나 액정 등을 붙이는 방법도 있다.

그런데 구체적인 생체, 예를 들어 인체 등에서는 온도 측정기를 체내에 넣거나 조직을 잘라낼 수는 없다.

이와 같은 현실 문제를 위해서는 라디오미트리(전파 온도 탐사법), 초음파, 핵자기 공명 영상법 등의 이용이 생각되고 있다.

전파 열 흡수량을 아는 방법

거시적으로 보았을 때 전파를 쪼인 생체에서는 어떤 현상이 일어나고 있을까?

전파는 파동이다. 쪼어진 전파는 일부는 생체에 흡수되고, 일부는 생체로부터 반사되어 사방으로 산란한다. 또 생체를 투과하여 꿰뚫고 나가는 전파도 있을 것이다.

이 전파의 흡수, 산란, 투과의 상태는 쪼는 전파의 성질, 생체의 크기, 형상, 전파원과의 위치 관계 등으로 여러 가지로 달라진다. 그 현상은 복잡하여 간단히는 예측되지 않는다.

그런데 파동으로서의 전파의 성질에서, 전파 생체 효과에 가장 관계가 있는 것은 생체에 의한 전파 흡수 현상이다. 이 생체 내에 흡수되는 전력은 이론상으로는, 생체 표면의 전자기장 분포를 측정하면 구해질 것이다. 그러나 과학이 진보한 오늘날에 있어서도 생체 표면의 전기장 분포, 자기장 분포를 짧은 시간에 간단히 측정하는 장치는 아직 개발되어 있지 않다. 그래서 현재의 상태로는 현상을 파악하는 데는 컴퓨터에 의한 시뮬레이션이나 모델 실험에 의존할 수밖에 없다.

이 시뮬레이션은 대형 컴퓨터의 도움을 빌어 비로소 가능하게 되었다.

이 시뮬레이션에서는 인체를 〈그림 23〉과 같이 생체와 같은 전기적 성질을 지니게 한 네모난 상자를 모은 팬텀 모델로 근사시킨다. 그리고 그 때의 전자기장을 계산하는 것이다. 그 결

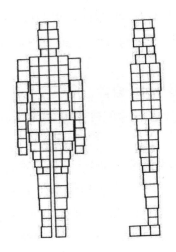

〈그림 23〉 인체의 컴퓨터 시뮬레이션 모델 〔C. Dumey, Electroagnetic Dosimetry for Models of Humans and Animals(Proc IEEE)〕

과로부터 인체 모델의 몸속의 전자기장, 전류, 그리고 흡수되어 열로 되는 전력이나 그 때의 온도 분포 등을 대략적이기는 하지만 구할 수가 있다.

또 하나의 방법인 직접적인 모델 실험은 앞에서 말한 것처럼, 인체의 한천 모델이나 동물의 시체를 이용한다.

이러한 계산이나 측정을 반복해 보아 생체의 열 흡수에 대해 올바르게 평가할 수 있게 된다. 예를 들면 전파가 쬐어진 생체의 크기에 따라서는 6장에 말했듯이, 전파의 공진 현상이 일어난다는 것이 밝혀진 것이다.

그런데 모델 실험이나 시뮬레이션으로부터 얻어진 가장 큰 성과는 무엇일까?

생체 작용의 주요한 효과인 발열 작용과 그에 따른 온도 상승을 전파의 흡수 에너지에 기인하고 있다고 가정하면 특이 흡수율(SAR)이라고 불리는 지표가 새로이 도입된다. 이 값은 생체의 단위 질량당 1시간에 흡수되는 전파 전력량(W/kg)이며, 이 물리량을 사용하여 생체 효과를 정량화하려는 것이다. 이쪽이 쬐는 환경을 결정하는 쬐일 전파의 전력 밀도로 생각하는 것보다 한걸음 더 생체 내로 들어갈 수 있기 때문에 보다 구체적이라고 할 수 있다.

확실히 이 지표는 쬐는 환경과 쬐는 전파만으로는 결정할 수 없다. 거기에는 반드시 생체의 형상이 관계되기 때문에 아무리 생각해도 간단하지는 않지만, 생체 표면에서의 전파 반사나 생체의 크기에 관계한 공진 현상 등을 고려할 수 있기 때문에, 생체 효과의 안전 기준을 정할 때 한걸음 더 깊이 들어가 생각할 수 있게 되는 것이다.

이 사고 방식은 약학(藥學)에서의 체중 당 투약량(g/kg)과 같은 선상에 있는 개념이라 할 수 있다.

그러나 이 전파 흡수량의 개념은 순수한 물리적, 열적인 사고 방법의 범위에 있으며, 유감스럽게도 생리 현상과는 직접적인 관계는 없다. 거기에 이 사고 방식의 본질적인 한계가 있다고 말하지 않을 수 없다.

또 주파수의 차이에 의한 작용의 차이나 다른 생체간의 대응 관계 등을 생각할 때는 특이 흡수율은 유용한 물리량이기는 하지만, 그것만으로는 충분하다고 말할 수 없다. 그들 사이의 생리적인 차이도 잘 생각할 필요가 있다.

일부를 쬐는 것과 전신을 쬐는 것을 구별해야 한다

전신 현상으로서의 전파 열 효과의 양상은 공진 현상과 특이 흡수율의 사고 방법으로 이럭저럭 밝혀졌다. 그러나 그 생체의 일부만이 전파를 쬐었을 경우에 대해서는 아직 잘 알지 못하고 있다.

예를 들면 5장에 설명한 플라스틱 가공업에 종사하는 사람들이 이용하고 있는 전파 가열 가공기에서는, 가공기를 잡는 손은 전신에 대해 정해진 안전 기준 이상의 전파를 부분적으로 쬐고 있다.

자세히 살펴보면 부분적으로 쬐어지는 데서는, 그 부분에 발열이 일어나도 혈액 순환에 의해 그 열량은, 바깥쪽의 생체 공간으로 운반되어 균일화되는 것을 알 수 있다. 또 비열적 작용을 생각하더라도 그 부분만으로, 전체로서의 중추부에는 전혀 관계가 없는 것처럼 보인다.

그러나 이 부분적으로 쬐어지는 문제는 학문적으로 생각했을 때 복잡한 문제를 포함하고 있다.

우선, 전파원에서 매우 가까운 곳에서의 현상이기 때문에 6장 '쬐는 환경'에서 설명했듯이, 전기장과 자기장을 한 묶음으로 하여 다룰 수는 없다. 전기장의 효과는 거기에 상응한 열적 작용을 하지만, 자기장의 효과에는 열적 작용은 거의 없다. 그래서 전기장의 값이 크다고 해서 열작용이 크다고는 결론짓기 어렵다. 전부터 말하고 있는 열작용이라는 것은 전파원으로부터 떨어져 있는 전기장과 자기장에 비례 관계가 있는 **평면파** 전자기장인 때의 개념이다.

여기에서 말한 일부를 쬐는 이야기는 학문적 과제를 남겨놓

신체의 일부분에 전파를 쬐었을 때의 문제는 또 다르다

은 금후의 문제임에는 틀림이 없다.

그런데 전파를 부분적으로 쬐는 전파 요법 디아테르미에서는 전파가 생체에 플러스로 작용하는 경우가 입증되어 있다. 그런 일들을 근거로 하여 가까운 장래에 결론이 나올 것이다.

비근한 예로, 정자기장(靜磁氣場)을 부분적으로 쬐는 예를 생각해 보자.

50mT의 자기장을 전신에 쬐일 때, 〈표 16〉에 있듯이, 7.6시간까지라면 안전하고, 그 이상의 시간이라면 어떤 일이 일어날지도 모른다(?)고 생각되고 있다(나카가와, 1986).

그런데 한편, 민간에서 널리 이용되고 있는 플라스터(Plaster) 형 자기(磁氣) 치료기는 80~120mT의 것이 사용되고 있다. 그러나 이 플라스터의 예에서는 신체의 극히 일부만을 쬐는 것이기 때문에 전신을 쬐는 경우와는 이야기가 전혀 달라진다. 오해가 없도록 이해해 주었으면 한다.

전파의 안전 기준은 그 대상이 전신이냐 부분이냐에 따라 달라쳐야 하는 것이다.

창문 효과란?

전파 생체 효과 중에는 단순히 열작용에 의한 것이라고는 생각하기 어려운 것도 있다.

예를 들면, 병아리의 전두엽에 9~20Hz로 변조된 147MHz의 전파를 쬐면, 16Hz를 중심으로 하여 신경 세포 중에 존재하는 칼슘 이온이 혈액 속으로 유출하는 양이 증대한다는 것이 알려져 있다[베윈(S. M. Bawin) 등, 1975]. 그 측정례를 〈그림 24〉에 보였다.

이 예에서는 현상이 일어나는 주파수에 폭이 있고, 그 주파수에만 열려진 창문이 있는 것처럼 보인다. 그래서 이것을 '주파수의 창문'이라 부르고 있다.

생체계에서는 여기에서 화제로 삼는 주파수의 창문 현상은 유별나게 특이한 것은 아니다. 이를테면 인간의 눈은 전자기파 속에서는 가시광선에만 반응한다. 이것도 틀림없는 창문효과의 한 예이다.

또 이 칼슘의 유출 현상에서 더욱 재미있는 일은 전파의 전력을 흡수 전력으로 볼 때, 0.5~1.0mW/g 사이에서만 작용이 일어나고 있다고 한다[블랙만(C. F. Blacman) 1979]. 이 전력 폭에 관계한 특이한 현상은 '전력의 창문'이라고도 불리고 있다.

이와 같은 주파수나 전력에 의한 선택적인 효과는 열작용으로는 설명할 수 없다. 그것은 세포 중의 전기 화학적 성질, 신경계의 전기 파동적 성질, 그들의 공진 현상이나 복잡한 비선형 효과 등이 여러 가지로 얽혀 있는 현상이라고 상상되고 있다.

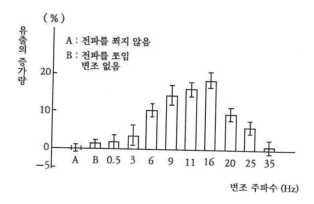

〈그림 24〉 147MHz대 변조파를 닭의 뇌에 쬐었을 때의 $^{45}Ca^{2+}$의 유출 증가
량(베윈) 〔W. Adey, Frequency and Power Windowing in Tissue
Interactions with weak Electromagnetic Fields(Proc IEEE)〕

　창문 효과는 주파수, 전력뿐만 아니라 전기장 강도, 시간에
대해서도 있다고 한다. 이들 창문 효과는 전파를 쬐는 안전 기
준 값의 결정을 한층 더 어렵게 만들어 버린다.
　그런데 이 창문 효과는 전자기파에 특유한 것은 아니다. 약
물에도 창문 효과가 있다. 소량으로서 자율 신경을 항진(亢進)하
지만, 대량이면 같은 자율 신경을 억제한다. 그런 물질도 있는
것이다.
　또 외부 자극에 대한 생체 반응을 시간적으로 보면 먼저 경고
반응, 이어서 저항 반응을 일으킨다. 그리고 그 후 마침내 자극
에 져서 스스로를 소멸시킨다는 것이 알려져 있다. 이것도 시간
의 창문 효과를 복잡하게 하는 요인의 하나라고 할 수 있다.

세포 레벨에서 생체 효과를 살펴본다

3장에서 여러 가지로 설명했듯이, 전파에는 자극 작용과 열 작용이 있다. 같은 전파인데도 이 작용의 차이는 왜 일어나는 것일까? 그것에 대해 생각해 보기로 하자.

전파에는 여러 가지 주파수가 있다. 이 주파수의 차이에 따라 생체 효과의 양상도 변화하게 된다. 그것에 대해 명쾌한 해답을 얻기 위해서는 세포 레벨까지 한걸음 더 들어갈 필요가 있다.

그런데 전파의 생체 작용은 전파와 생체 조직, 구체적으로는 전파의 세포에 대한 작용이다. 그래서 아무래도 생체 조직의 전기 재료적 특성에 대해 생각하지 않으면 안 된다.

거시적으로 보면, 생체의 최소 구성단위는 세포라고 생각해도 좋을 것이다. 이 세포는 반(半)유동적 성질을 나타내는 전해질의 원형질과 그것을 둘러싸는 세포막으로 이루어져 있다.

그리고 이 세포막은 2층으로 된 지방 분자를 사이에 끼고, 양쪽에 단백질 층이 있는 구조이며, 그 두께는 5~10㎜ 정도로 전기적으로 보았을 때 그 도전성은 그다지 높지 않다.

또 이 세포의 바깥쪽에는 세포 외액(外液)이라 하여 도전성이 높고, 바닷물을 닮은 성분인 세포 간질(間質)이 있다.

그래서 이 세포계를 등가(等價)적으로 전기 소자(素子)로 표현해 보면, 세포막을 나타내는 콘덴서($1\mu F/cm^2$)와 세포 외액을 나타내는 저항($0.5\sim10k\Omega/cm^2$)의 병렬 모델로 생각할 수가 있다. 그리고 이 세포막 콘덴서에는 세포 중의 원형질을 표현하는 저항이 직렬로 접속되어 있다고 대체적으로 이해하면 될 것이다. 그 등가 회로를 〈그림 25〉에 보여둔다.

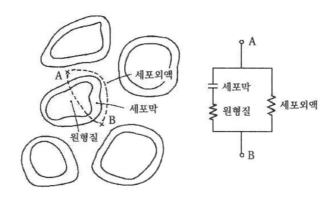

〈그림 25〉 세포계의 등가 회로

　그런데 생체 조직에 전류가 흐르는 현상을 거시적으로 생각
해 볼 때, 그 전류의 거동은, 그 조직의 유전율과 도전율로 결
정된다. 유전율이란 전기 파동을 전달하는 콘덴서의 성질을 나
타내고, 도전율이란 전류를 흘려보내는 저항의 성질을 나타내
는 지표이다. 이 유전율과 도전율의 두 지표의 주파수를 변화
시켰을 때의 모양을 〈그림 26〉에 보였다. 이 특성으로부터, 외
부로부터 생체로 전기장을 가했을 때, 생체 속에서 전류가 어
떻게 흐르는지 알 수 있다.
　그런데 〈그림 26〉의 곡선을 자세히 살펴보자. 이 곡선에는 수
십 ㎐, 수 ㎒, 그리고 약 20㎓인 곳에 물리적으로 도전 특성
이 변화하는 들쭉날쭉이 있다는 것을 알 수 있다. 그들 들쭉날
쭉 부분은 생체 조직의 전기적인 특징을 나타내는 것으로, 각각
알파(α) 분산, 베타(β) 분산, 감마(γ) 분산이라 불리고 있다. 여기
에서 이 〈그림 26〉의 곡선을 세밀히 분석해 보기로 하자.
　초저주파에서 유전율이 높은 것은 세포막의 양단에 칼슘, 나

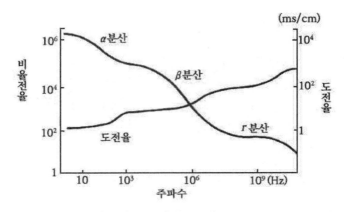

〈그림 26〉 생체 조직의 비유전율(진공의 유전율과의 비)와 도전율(슈완)
〔호시미야(星宮) 생체 물성과 의료용 센서(전자통신 학회지)〕

트륨 등에 의한 전기적 이온층이 있어 전류가 흐르기 어려운 것에 기인한다.

외부 전기장의 변동이 지극히 완만한 극초저주파에서는, 이 외부 전기장에 의해 힘을 받은 생체 이온이 뒤쫓아 가서 진동하여 전류가 흐른다. 그러나 주파수가 높아지고 전기장의 변동이 빨라지면 이온 이동의 관성적 한계를 넘어버리기 때문에 진동 외력(外力)을 뒤쫓아 갈 수 없게 되고, 그 결과로 α분산이 생기게 된다.

생체 이온의 이 집산(集散)에 관계한 α분산을 넘어서면 전류가 전해질을 함유하는 세포 외액이 흐를 수 있는 상태로 된다. 그리고 세포막은 콘덴서로 작용하여 그 양단에 전위차가 발생한다. 이 상태에서는 세포막에 전류가 흘러 생리학적으로 말하면 근육이나 신경에 대한 자극 작용이 생기는 주파수 영역이 된다.

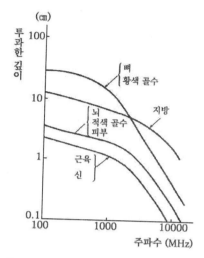

〈그림 27〉 대표적인 조직에서의 주파수와 전파 투과의 깊이(슈반)
[사쿠마(佐久間), 방사선(전자 통신 학회지, Vol. 55)]

β분산은 세포막의 콘덴서 작용에 기인하는 분산 현상으로, 이 주파수를 넘어서면 이 콘덴서는 도통(道通)상태로 되고, 세포막이 전기적으로 단락되었다고 볼 수 있는 상태가 된다. 그래서 조직 전체로서의 전기적 성질은 세포내 외액과 같은 성질이 되고, 생체 조직을 식염수로 근사할 수 있는 영역으로 된다.

이때 세포막의 양단에는 이미 전위차는 없으며, 거기에서는 자극 작용은 느껴지지 않는다. 그리고 열작용만이 전파의 효과로서 표면에 나타나게 된다.

그런데 이 상태에서는 〈그림 26〉으로부터 명백하듯이, 주파수가 높아지면 도전율이 커진다. 이 사실은 전파가 열로 변환하는 것이 강해지는 것을 나타내고, 생체 조직 속에서의 전파의 감쇠가 커지는 것에 대응하고 있다.

그래서 생체 외부로부터 전파가 쬐어졌을 때 단파대에서는 전파가 신체를 통과하지만, 주파수가 2GHz가 되면 겨우 2~3cm를 침입하는 정도가 되고, 다시 파장이 수 밀리미터인 이른바 밀리미터파가 되면 상피(上皮) 한 장 정도밖에 침입하지 않게 된다. 이것을 그림으로 보인 것이 〈그림 27〉이다.

γ분산은 세포 내외액의 물분자의, 힘드는 쌍극자 능률에 관계된 분극의 완화에 의한 공진 현상이다.

그런데 우리가 알고 있는 전파의 분류는 공학적으로는 장파, 중파, 단파 등으로 분류되고 있는데, 이것은 전파의 전리층과의 상호 작용, 분산 특성의 성질에 따라서 나눈 분류법이다.

전파 생체 효과에서는 α분산, β분산, γ분산에 따라 나눠서 머릿속에 정리해야 할는지 모른다. 예를 들면 자극 전파, 열전파라든가 하는 쪽이 이해하기 쉽지 않을까.

세포의 전기 화학 특성

전기 화학적으로 볼 때, 세포의 전기 현상의 본질에는 아무래도 세포막이 중요한 역할을 하고 있는 것 같다. 거기에서는 앞 절에서 설명한 것과 같은 수동적인 형태로서의 전기적인 현상뿐 아니라, 적극적인 생체 전기 활동이 이루어지고 있다는 것을 알고 있다. 비열 효과나 이른바 창문 효과 등도 이 세포막의 레벨에서 해명하려는 움직임이 있다. 거기에서의 전기 현상이라고 한다면 어떠한 것일까?

세포막에서의 현상은 전기 화학적으로 볼 때, 신경 전달 물질, 항체, 호르몬 등과도 서로 작용한 종합 현상이다.

이 세포막에는 선택적으로 물질을 투과 이동시키는 작용이 있다. 특히 이온의 선택 투과성, 이른바 이온 펌프 작용이 있기 때문에 그 막의 양쪽에서는 나트륨, 칼륨 등의 이온 농도가 다르게 되어 있다. 이 이온 농도의 차에 따라서 세포막의 양면 사이에 전위차가 나타나 관측되는 것이다. 이 전위차는 물질 대사의 에너지로 항상 일정하게 유지되어 있다고 한다.

거시적으로 보았을 때, 세포 내의 정지 전위는 약 -60㎷의 음전위이지만, 세포가 자극에 대해 흥분하면 약 +20㎷의 양전위가 된다.

그리고 미시적으로 보았을 때는, 세포막 표면의 음이온의 일부에는 약한 진동적인 전기 화학적 계(界)가 존재하고 있다고 한다. 이 미약 진동계와 칼슘이 밀접하게 관계하고 있는 것 같다. 비열 효과와 칼슘의 관계가 논의되는 것은 이 때문이다.

그런데 세포막의 양면 사이의 전위차로부터 발생하는 세포막 속의 전기장은 100㎸/m에 달하는 강전기장이다. 이 때문에 외부로부터 가해진 인위적인 전기장에 의해, 이 세포막 전기장이 크게 변화한다고는 생각되지 않는다. 그러나 현실적으로는 외부의 미약한 전파가 세포막이나 원형질에 작용하고 있는 것 같다는 것을 알고 있다.

그러나 왜 외부의 미약한 전파가 세포막의 강전기장에 영향을 끼치는가에 대해서는 확실한 메커니즘이 밝혀져 있지 않다.

세포막의 전기 현상의 해명이 전파 생체 효과의 메커니즘을 아는 데 있어 결정적인 수단이 될 날도 머지않았다.

생체의 주기 현상과 전기의 주파수

3장에서는 초저주파 전파나 초저주파로 변조된 전파가 생체에 여러 가지로 영향을 끼치고 있는 사실을 제시했다. 그들 현상은 외부로부터 가해진 초저주파와, 이를테면 뇌파 등의 생체 고유의 전기 진동이 어떠한 상호 작용을 일으키는 현상이라고 생각하는 사람도 있다. 우리 신체는 어떠한 전기 진동으로 제어되고 있을까? 여기에서는 그 문제에 대해 간단히 살펴보고 싶다.

우리의 생명 활동은 맥박, 호흡 등으로부터 이해할 수 있듯이 주기적인 반복 운동으로 유지되고 있다. 이들 주기 가운데서 짧은 시간에 빠르게 반복하는 주기 현상은 신경을 전파하는 전기 자극으로 제어되고 있다. 그 신경 활동 전위를 지배하는 주파수의 일람표를 〈표 28〉 ⓐ, ⓑ에 보였다. 이들의 주기 진동은 모두 뇌간부(腦幹部)에서 컨트롤되고 있다는 것이 대뇌 생리학의 연구로부터 밝혀져 있다. 사람에게 있어서는 뇌간부가 생활의 근원을 관장하는 곳인 듯하다.

이들 주기 진동은 어떻게 하여 발생하고 있을까?

이 진동의 메커니즘은 이를테면, 뇌파에 대해 말하면 뇌신경 세포가 무질서하게 활동하여 미소 전위를 발생하고, 그것들이 왠지 모르게 세포 사이에서 서로 연락을 취하여, 하나로 뭉뚱그려져서 큰 활동 전위를 발생시키고 있는 것이 뇌파라고 말하고 있다. 뇌세포의 흥분에 대해 그것을 억제하는 억제 세포가 수십~100mS로 반응하기 때문에 10㎐ 전후의 진동이 두드러지게 발생한다고 한다.

이 왠지 모를 무질서 속에서의 규칙성이 아무래도 생체 활동의 특색인 것 같다. 뇌신경 세포의 이 왠지 모를 무질서한 활동 상태가 상실되고, 이를테면 20㎐의 규칙적인 진동 파형이

〈표 28〉 생체의 전기 파동 특성
〔(a), (b) 모두 전자 통신 학회 편, 『통신 공학 핸드북』〕
(a) 생체파동의 전파수

* 피부 전극에 의한

항목	대표값	주파수 폭(Hz)
심전도	20mV	0.05~80
혈압	120mmHg	DC-20
혈류	1000cc/분	DC-50
혈량	500cc	
맥파		0.05~80
맥박수	70회/분	
호흡 운동	500cc/분	0.05~2
호흡 기류	20000cc/분	DC-2
뇌파*	50μV	0.5~100
유발 뇌파	50μV	0.5~100
망막전도*	150μV	0.05~20
근력	6~10kg/cm²	DC-50
근전도*	1mV	10~5000
신경 전도 속도	0.6~120m/초	10~5000
평활근 전위(위)	20mV	0.05~2
신경성 발한	50kΩ	0.05~2

(b) 뇌파의 주파수
* β_1파가 13~18Hz, β_2파가 18~24Hz인 분류법도 있다

뇌파	주파수 폭
δ파	0.05~4
θ파	4~8
α파	8~13
β_1파	13~20*
β_2파	20~30*

172

강하게 뇌파에 나타나게 되면 간질병 증상이 나타난다고 한다.

또 진동하고 있는 것은 신경계만이 아니다. 피부도 미세하게 진동하고 있다. 그리고 이 진동은, 전극을 부착하면 피부 전기 반응으로서 관찰할 수가 있다. 그 전기 진동은 겨드랑이의 피부에서는 통상 6㎐ 부근에 있다. 그러나 두통증이 있는 사람은 이 주파수가 2㎐ 부근으로 처지게 된다고 한다. 이 성질로부터 두통의 성질을 분석할 수 있지 않을까 하고 말하고 있다.

이상으로부터도 알 수 있듯이, 생체의 상태와 생체 전류의 주파수 사이에는 밀접한 관계가 있는 것을 알 수 있다.

우리의 신체는 도선에 의한 배선은 없지만, 정밀한 전기 회로이다. 거기에 같은 전기인 전파가 신체의 외부로부터 결합했다고 하면 도대체 어떤 일이 일어날까? 특히 체내에 존재하는 전기적 진동 주파수와 같은 주파수의 전파가 외부로부터 쬐어졌을 때를 자세히 조사해 둘 필요가 있다.

이와 같은 때에는 전파는 효과적으로도, 장해적으로도 작용할 것이다.

생체의 전기 신호와 같은 전기 신호를 외부로부터 가했을 때, 그 에너지가 매우 클 때에는, 생체의 전기 신호 발생 조직에 어떤 장해를 줄 가능성이 있다. 그리고 다른 한쪽 끝의 생체 신호 수신 조직에서는 강하게 반응하여, 생체 전체로서의 생리적 균형을 일시적이나마 허물어뜨리게 된다.

생체 속의 전기 신호 발생 조직의 활력이 약해져 있을 때는, 그 조직에 장해를 주지 않는 적정한 신호를 외부로부터 가해주면, 수신 조직에는 인공적인 자극이 발생하고 그 결과 생체 전체로서의 균형을 유지할 수 있다. 그와 동시에 신호 발생 조직에 휴식을 주는 것으로도 된다. 이것이 전기, 전파 치료의 원리일 것이다.

그런데 본문에서는 초저주파 전파와 뇌파의 관계에 대해 도처에서 언급하였지만, 이 점에 대해서는 아직도 잘 알지 못하고 있다. 예를 들면 7㎐의 전파를 금붕어에게 쬐면, 금붕어가 평형감각을 잃어버린다는 것이 알려져 있다[스즈키(鈴木)]. 그것이 도취 상태인지 불쾌 상태를 나타내고 있는지는 확실하지 않다.

이것과는 전혀 다른 이야기이지만, 젊은이는 7㎐를 포함하는 음악에 도취하기 쉽다. 또 TV게임 등에서는 15㎐를 포함한 광신호는 몸에 좋지 않다고 한다.

이들 현상과 뇌파, 슈만 공진(3장 '인류를 둘러싸는 지구 규모의 슈만 공진' 참조)을 결부시켜 생각하는 사람도 있다. 초저주파의 문제에는 미지의 사항이 많다.

8장
안전한 전파는 있는가?

강한 전파는 위험하다.
약한 전파는 안전하다.
그렇다면 어디에 그 경계선이 있는가?
그 점을 알고 싶다.
8장에서는 전파 안전 기준에 대해 약간 언급하기로 한다.

ANSI ´82 기준

실용적인 전파 안전 기준은 어떻게 정해질까? 그 하나의 사고 방법을 제시하기 위해 ANSI ´82 기준에 초점을 맞추어 생각해 보자.

그런데 2장의 ANSI ´66 안전 기준은 안전 기준으로서 처음으로 세상에 나온 것이었지만, 그 내용에 대해 종합적으로 이해된 것은 아니었다.

전파 기술자들 중에는 감각적이기는 하지만 경험적인 실감과는 맞지 않는(?) 그 기준값에 대해 의문시하는 소리도 뿌리 깊게 있었다. 생리학자, 생물학자도 전파 생체 효과를 열만으로 해석하려 하는 기준값에는 납득이 가지 않는다고 느끼고 있었다.

또 한편, 전파의 비열 효과에 대해 세상에서 여러 가지로 소문이 나돌고 있는 가운데, 생체 효과의 연구도 연구자의 노력에 의해 착실히 진행되고 있었다.

그러한 이론 면에서의 성과로는, 쬐어진 전파의 어느 만큼이 정말로 생체에 흡수될까? 전문적으로 말하면 생체에 대한 전력 흡수량이 생체의 크기, 형상을 고려하여 학문 레벨의 차원에서 자유로이 다룰 수 있게 된 점을 들 수 있다. 예를 들어, 구체적인 결과로서는 6장에서 설명한 것과 같은, 인체가 약 70㎒의 전파에서 공진한다는 등의 사실도 포함되어 있다.

또 동물 실험에 대해 말하면, 왜 같은 실험에서도 여러 가지 결과가 나오느냐고 하는 기본적인 문제점에 대해서도, 그 기술적인 원인이나 사고 방법의 방법론 등이 시간과 더불어 명확해진 것이다. 그리고 실험 연구자에게도 전보다 정확하게 정량적으로 실험을 할 수 있는 단계가 되어, 거기에서 얻어진 결과에

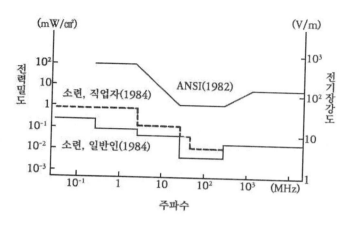

〈그림 29〉 전파의 안전 기준: ANSI(1982)와 러시아의 기준(1984)
아메미야(雨宮), 전파 이용 시설 주변에서의 전자 환경에 관한 연구보고서의 내용
소개(생체 전자 환경 연구회 자료, No. 87-8. p.154)

대해서도 신뢰할 수 있는 단계가 되었다.

이와 같이 전파 생체 효과에 대한 '사회적인 의문'과 이에 답하는 '기술적인 해결에 대한 방법'의 두 가지의 시대적인 흐름이 합류하여 안전 기준의 새로운 검토가 가능하게 된 것이다. 그리고 이들을 근거로 하여 ANSI에서는 300kHz~300GHz의 전파를 대상으로 하여 1982년에 〈그림 29〉에 보인 것과 같은 새로운 전파 안전 기준을 제안하게 되었다.

이 기준과 2장에서 설명한 1cm²당 10mW의 ANSI ´66 기준을 비교해 보면, 그 안전 기준이 주파수 100MHz 부근에서는 인체의 전파 공진 현상을 고려하여 1cm²당 1mW로 낮아져 있다. 이 점에서는 ANSI ´66에 대한 전파 종사자의 감각적인 불만에 대해 일보 전진한 기준으로 되어 있지만, 최근의 러시아의 안전 기준과 비교하면 아직도 큰 거리가 있다는 것을 알 수 있다.

ANSI ´82의 사고 방법

그러면 여기에서 ANSI ´82의 사고 방법에 대해 간단히 설명해 보기로 하자.

그 기준의 기술적인 사고방식으로는 전파의 안전 기준값을 ANSI ´66에서 하고 있었던 것과 같은 쬐는 전력 등의 전파 환경 조건으로 규제하는 것을 폐지했다. 그리고 이에 대신하는 제안으로서 그 전파를 쬐는 환경 아래서의, 그 생체 전신에 흡수되는 전체 전력의 중량 평균값에 착안하여 안전 기준을 정량적으로 결정하는 입장을 선택했다. 구체적으로는 그 동물에 흡수된 전체 전력의 체중 당 평균값, 즉 특이 흡수율이라고 불리는 양을, 그 물리적 가늠으로 하고, 그 양으로 안전 기준을 결정한다. 그 안전 한계를 0.4W/kg(0.1시간 평균)으로 억제하려는 것이다.

그 체중 1kg당 0.4W의 수치에 대한 학술적 근거로는 단순한 형식적인 물리 계산이 아니라, 각종 전파를 쬐는 환경 아래서의 실험동물에 의한 행동 변화의 주의 깊은 관찰이 있었다.

구체적으로는, 이를테면 다음과 같은 실험 관찰이다. 먼저, 레버를 누르면 먹이가 주어지도록 쥐를 학습시켜두고, 이 쥐에게 전파를 편다. 그 때 이미 학습시켜 두었던, 먹는 동작을 중지하고, 몸을 핥는다든지 무언가 평소와 다른 행동을 했다든가 하는 사소한 행동 분열의 반응을 생체 내의 변화를 예측하는 판단의 기준으로 선택했던 것이다.

그리고 각종 동물에서의 행동 관찰 실험을 하는 한편으로 그

'이 이하라면 전혀 문제가 일어나지 않는다'는 것은 아니다

때의 쪼인 전파를 이론적, 정량적으로 고찰하여, 이론값과 실험 결과를 조합하여 판단하는 것이다. 그리고 거기에서 흡수 전력이 체중 1㎏당 4W를 넘으면, 이미 학습시켜 두었던 실험동물의 행동에 도피 반응이나 학습 불능이 나타난다는 사실을 발견했다. 또 그 반대 현상으로는 흡수 전력이 체중 1㎏당 4W 이하가 되었을 때는 열 스트레스가 약하고, 실험동물의 행동이나 건강에 문제를 일으키고 있지 않다는 것을 알아냈던 것이다.

또 이 흡수 전력값, 4W/㎏이라는 값은 숱한 실험에서 쬐는 전파의 주파수, 쬐는 방법, 동물의 종류에 관계없이 왠지 일정하다는 사실을 발견한 것이다. 아무래도 이 값은 생체 효과의 불변량으로 생각되고 있는 것 같다.

그래서 이 값을 생체 효과의 문턱값으로 인정하고, 또 안전을 예상하여 그 10분의 1의 양으로 하여, 안전 기준으로는 0.4W/㎏(체중 1㎏당 0.4W)로 한다.

이상이 그 수치가 얻어지게 된 경과의 요약이다.

이 기준값의 수치를 지지하는 현실적 사례로는 이 값에서 인체에 문제가 생겼다는 보고가 없다는 점이다. 또 이 값은 인간이 몸을 쉬고 있을 때의 열소비량인 0.8W/kg보다 낮다는 사실도 하나의 합리성을 제공하는 판단 기준으로 되어 있다.

예외 사항

이 ANSI '82의 안전 기준은 흡수 전력의 평균값을 이용한다고 하는 꽤 대략적인 기준이다. 그래서 세밀한 문제점에 들어가서는 예외 사항을 정하고 있다. 그것에 대해 설명하기로 한다.

먼저 이 안전 기준은 이른바 열 스트레스만을 고려한, 거시적인 판단에 의한 전신에서의 평균값 규제이다. 그래서 평균값에서는 기준을 만족하고 있어도, 신체의 일부에 극단적인 열 집중이 일어날 우려가 있다. 이것을 피하기 위한 배려로서 신체의 개개 부분, 1g에 대해서는 어느 위치의 값도 8W/kg을 넘어서는 안 된다고 하는 최댓값에 관한 부대조건이 붙여져 있다.

또 당연한 일이지만, 4장에서 말한 것과 같은 의료에서의 전파를 쬐는 것에 대해서는 여기에서 끌어낸 기준과는 출발점의 사상이 전혀 다르게 되어 있다. 그래서 이 안전 기준으로부터는 제외되어 있다.

또 소전력 전파에 대해서도 전력이 7W 이하의 발진기에 대해서는, 그 주파수가 1GHz 이하이면 규제 대상으로 삼지 않는다는 예외 규정이 설정되어 있다. 애초 전력 자체가 적기 때문이라고 하는 사고방식은 이해가 된다.

다음으로, 예외라기보다는 철학적(?)인 문제도 있다. 그것은 장기간의 조임에 대한 것이다. 전파를 단시간 쬐는 데 대해서는 앞에서 말한 ANSI '82의 정신은 논리적으로 이해할 수 있다. 그러나 전력량은 적지만 장시간에 걸쳐 쬐어지는 경우에 대해서는 어떻게 생각해야 할까?

그것에 대해 ANSI는 하나의 가정을 설정하고 있다. 즉 '단기적으로 가역적 변화를 발생하는 에너지가 장기적인 불가역적 변화를 발생한다'라는 입장을 취하여, 장기간을 쬐는 문제에 대해 특별히 고려하고 있지 않다. 어떤 영향을 끼치는 단시간을 쬐는 누적이 장기간에 걸쳐 쬐어지는 효과를 일으킨다고 생각하는 것이다. 뒤집어 말하면, 단기적인 효과를 완전히 억제해 두면, 장기적인 효과는 일어날. 수 없다고 하는 해석이다. 장기간을 쬐는 문제는 현재의 상황으로는 미해결의 문제이고, 지극히 어려운 사항을 포함하고 있는 것에서부터 본다면, 이와 같은 발상은 하나의 식견일지도 모른다.

그런데 이 ANSI 기준을 총괄해 볼 때, 그것이 의미하는 바는 '적어도 이 기준값을 넘으면 어떤 장해, 특히 열적 장해가 예상된다'고 하는 안전 기준이다. 이보다 밑이면 전혀 문제가 일어나지 않는다는 성질의 것은 아니다. 이 점에서는 해를 끼치는 최솟값을 목표로 한 독물 규정 등의 규제 값과는 전혀 반대의 사고방식이라고 할 수 있다.

그런데 이 ANSI '82 기준에 의해 생체 효과가 해결될까? 아니, 그렇지는 않다. 생체의 문제는 속이 깊다. 문제는 더욱 세밀하고 보다 엄밀하게 과학적으로 입증할 수 있는 안전 기준의 확립으로 향하지 않으면 안 된다. 그것을 가리키기 위해 다음에는 ANSI '82의 문제점에 대해 생각해 보기로 하자.

182

남겨진 문제

특이 흡수율의 사고방식에 따라 외부 환경으로부터 생체를 바라보는 것이 아니라, 생체 내로 한걸음 더 들어가서 전파 효과를 해명하는 일이 가능해졌다. 그러나 생체 효과의 모든 요소가 거기에 담겨져 있는 것은 아니다. 분자 레벨, 세포 레벨의 미시적인 이야기가 거기에는 전혀 없다. 이 사실을 잘 이해해 둘 필요가 있다. 생체 생리 현상을 열 현상만으로 설명하는 것에는 생리학이나 생물학의 입장에서는 저항을 느낄 것이 틀림없다.

그래서 여기에서는 ANSI '82의 문제점을 종합하여 탐구해 보기로 하자.

ANSI '82에서 중심적 역할을 한 특이 흡수율은 평균 전력, 즉 열 효과에 관계하여 이끌어진 개념이다.

그래서 먼저 열 효과에 대해 생각해 본다.

열의 작용을 생각할 때, 특이 흡수율은 거기에 가해진 전력, 열량의 가늠을 제공해 준다. 그러나 생체에 효과를 미치는 것은 열량보다도 그 생체 조직에서의 온도 상승률 쪽이 중요한 요소가 아니겠느냐고 하는 소리도 있다. 예를 들면 3장 '펄스 전파'에서 설명했듯이, 펄스 모양의 전파에 대해서는, 그 조직에의 순간적인 온도 상승 쪽이 생체 효과에 영향을 끼치고 있는 예도 있다.

다음에는 비열 효과에 대해 생각해 보자.

ANSI '82에서는 어떤 비열 효과가 나타날 때는, 거기에 가해진 전력에 간접적이기는 하지만 관계하여 비열 효과가 일어난다고 해석하고 있다.

그러나 쬐는 전파의 평균 전력은 낮지만, 전기장의 최댓값이 높은 펄스 모양의 전파, 또는 3장에 설명한 것과 같은 반복 주파수가 생체의 전기 파동의 리듬에 가까운 변조파, 예를 들면 뇌파의 기본 주기 진동과 같이 주파수의 변조 전파 등의 행동에 대해서는, ANSI '82는 아무것도 대답해 주지 않는다.

이런 종류의 생체의 전기 파동 현상(7장 〈표 28〉 참조)과 전파의 결합 문제에 개입하기 위해서는 유감스럽게도 현재 상황으로는 확고한 데이터가 부족하다. 동양에서 논의된 비열 효과의 사실(?)은 실험에 불비한 점이 있다고 하여 ANSI에는 채용되지 않았다. 이 부근의 문제와도 관계가 있을 것 같다.

ANSI '82에서는 그 규제 범위는 300kHz 이상으로 한정되어 있다. 300kHz 미만의 전파에 대해서는 아직 기준이 설정되어 있지 않다. 비열 효과에 대해서는 300kHz 미만에서도 문제가 있을 수 있다.

또 생체 효과는 환경에 따라서도 크게 변화한다는 것이 알려져 있다.

온도나 습도, 화학 물질이나 독물 등에 대해서는, 공장 등의 환경에서는 전파 환경과 더불어 상호 상승 작용적으로 생각해야 할 것이다. 이런 종류의 문제도 아직 검토되어 있지 않다.

예를 들어 ANSI '82의 동물 행동을 결정하는 문턱값인 4~8W/kg(앞에서는 이야기를 간단히 하기 위해서 4W/kg으로 했었다)은, 22℃에서는 3W/kg으로 28℃에서는 1~2W/kg으로 감소한다는 보고도 있다.

또 기술 레벨의 이야기로 말하면, 소전력 기기에 적응되고 있는 예외 사항에도 문제가 있다.

이에 따르면 1GHz 이하이면 7W 이하의 소전력 송신기에 대해서는 일체 규제로부터 제외되어 있다. 그러나 아마추어 무선, 방재 무선, 해상 이동 무선 등에서 사용되고 있는 7W 이하의 안테나에 아주 가까운 곳에 설 때, 신체의 전신에 의한 전력 평균값에서는 기준값 이하로 되어 있지만, 안테나 가까운 신체의 일부는 8W/kg의 제한 기준값을 웃돌고 만다. 여기에는 ANSI '82 기준 자체에 모순이 있다.

한걸음 더 앞으로 나아가면, 5장에서 설명한 것과 같은 부분적으로 쬐는 문제가 있다. 특히 뇌, 내장, 생식선 등의 부분적인 쬐임, 국소 가열에 의한 생체 조직의 온도 기울기 분포의 문제에 대해서는 논의되어 있지 않다. 또 전신에 쬐더라도 열에너지가 팔꿈치나 무릎 부분에 집중하는 경향이 있다.

또 전파원 가까이의 전자기장, 이른바 근방 전자기장(近傍電磁氣場)의 취급 등에 대해서도 충분한 검토가 되어 있지 않다. 안테나에 아주 가까운 곳에서는 전자기장은 복잡하게 변화하여, 그 생체 효과도 일률적으로 논의할 수 없는 것이 실정이다.

그리고 안전 기준이라는 것은 쬐어지는 쪽의 인간에 대해서도 염두에 두고 생각하지 않으면 안 된다.

일반인과 직업인 전파 종사자 사이에, ANSI '82에서는 기준값에 구별이 없는 것이 큰 문제일 것이다. 또 페이스메이커, 전동의수(電動義手), 재택치료기(在宅治療器)에 미치는 전파 효과에 대해서도 생각해 둘 필요가 있다.

이상과 같이, ANSI '82에는 여러 가지로 검토하지 않으면 안 될 문제가 아직 산적해 있다. 이들의 문제를 전향적으로 해명해 가는 것이 앞으로의 과제이다.

　ANSI ´82 기준은 장래로 향하는 잠정적인 전파 안전 기준이라고 생각해야 할 것이다.

기준값의 사고방식

　기준값은 어떻게 하여 정해져야 할까?

　그것에는 먼저 ANSI ´82 기준과 같이 열장해로 그 문턱값을 정하는 방법이 있다. 한편 건강 데이터에 변화가 있으면 영향이 있다고 생각하는 입장도 있다. 전자의 결정 방법은 인간적이 아니라는 비판이 있을 것이다. 후자의 결정 방법에 대해서는 과학적이라고는 말할 수 없다.

　그러나 어쨌든 간에 학술적으로 타당하고, 동시에 사회적으로도 혼란 없이 받아들여질 수 있는 것이 최종적인 안전 기준값의 모습일 것이다.

　기준값에는 여러 가지 견해가 있다. 여기에서는 인간 쪽에서 보는, 의학의 입장에서 보는 기준값을 생각해 보자.

　전파를 쐬는 안전 기준값을 생각할 때, 그 값은 일률적으로 정해질 수 있는 것이 아니다.

　쐬어지는 쪽에서 말하면, 단시간의 쬐임과 장기간에 걸쳐 쐬어지는 사이에는 그 어떤 차이를 설정해야 할 것이다.

　일반 주민에게는 연령, 성별, 건강을 넘어서서 여러 종류의 사람이 있다. 여기에서는 먼저 장기간의 저전력으로 쐬어지는 문제를 생각해야 한다.

　일반인은 쐬어지는 사실, 그 의식, 그리고 그것에 대한 지식도 갖고 있지 않다. 그 점을 충분히 인식해 둘 필요가 있다. 그래서 안전 기준을 정하는 쪽에서는, 가장 엄격한 값을 설정해야 할 것이다.

어쩔 수 없이 직업적으로 전파를 쐬는 사람은, 보통 성인이며 또 전파에 대한 지식도 있다. 피폭 시간은 그 직장에 있을 때에 한정되어 있다. 그러나 위험한 환경임에는 틀림이 없다. 직장에 맞는 안전 기준을 설정해야 할 것이다. 그것은 X선에 관계한 기사나 의사의 예를 생각해 보면 잘 알 수 있다.

또 디아테르미와 같은 의료의 경우는 아주 짧은 시간의 쪼임이다. 전파를 쪼임으로써 받는 해보다도, 쪼임에 의해서 얻어지는 이익이 클 경우에는 꽤 강한 전파도 허용될 수 있을 것이다.

다음으로 열 효과와 비열 효과에서는 그 작용 방법에 차이가 있기 때문에, 기준값도 별도로 마련되어야 한다.

또 전파 효과에는 쐬어지는 것이 일과성인 것으로 뒷날까지 꼬리를 끌지 않는 것만은 아닐 것이다. 누적적인 쪼임이 어떤 적분 효과로서 장해를 일으킬 수도 있다(?)고 생각된다. 이와 같은 때는, 전파 장해는 X선 등에 의한 장해와는 달라 급격한 변화가 아니기 때문에, 잘 조사하지 않으면 판정이 어렵다. 이와 같이 과학적으로도 다루기 어려운 면이 있다.

그리고 사고방식의 입장으로서 '정말로 위험하지 않다'고 하는 사실과, '지금까지 한 번도 장해가 일어나지 않았다'고 하는 현실과의 사이의 차를 같다고 보아야 할 것인지 어떤지? 같지 않다고 생각하고 있는 사람도 있다. 어려운 문제이다.

현재의 상태에서는 어쨌든 정보 부족이다. 규제값을 단번에 정할 수 없는 점이 참으로 안타까울 뿐이다.

미국의 환경보호국 EPA는 ANSI 기준을 재검토하여, 일반 시민을 대상으로 하는 기준안을 1986년에 제안했다. 또 ANSI

자체도 새로운 기준을 제출할 시기에 와 있다.

초저주파 전파의 전기장 안전 기준

초저주파 전파의 안전 기준은 아직 정해져 있지 않다. 특히 30㎐ 이하에 대해서는 7장에서 설명한 생체 전위, 생체 전류의 공진 주파수와 서로 작용하는 것을 생각할 수 있지만, 그것에 대한 연구는 지금부터의 과제이다.

60㎐인 상용 주파수의 초저주파에 대해서는, 전기 산업의 긴 역사가 있어 대체적인 것을 알고 있다. 다행히도 이 주파수는 생체의 뇌파 등의 공진 주파수로부터 벗어나 있었다.

그런데 무선 주파수, 마이크로파 주파수에서의 ANSI ′82 안전 기준은 흡수 전력과, 그것에 의한 동물의 회피 행동이 그것을 생각하는 출발점이 되었다.

초저주파에서는 어떨까? 안전성의 평가 기준으로는 시험 동물의 감지, 회피, 스트레스 반응 등이 생각된다. 또 평가의 물리량으로는 표면 전기장, 체내 전류, 흡수 전력 등이 생각된다.

예를 들면 베른하르트(Bernhard)는 무선 주파수나 초저주파에 대해, 몸속을 흐르는 전류값으로 안전 기준을 정하는 제안을 하고 있다. 그 방법이 3장에서 말한 전기 자극에 의한 장해에 대해서는 확실히 생각하기 쉽다.

초저주파 전파에 대해서는, 전기장과 자기장에는 이미 전자기파로서의 비례 관계는 성립하지 않기 때문에 그것들을 별개로 다루지 않으면 안 된다.

전기장에 대해서는 인체는 좋은 도체라고 생각된다. 그래서 전기장은 대략적으로 말하면, 인체의 표면에만 관계되고, 체내

〈표 30〉 50~60㎐의 안전 기준

[시미즈(淸水孝一) 박사에 의함]

	전기장	자기장
일반 (전신)	5kV/m(종일) 10kV/m(수 시간)	0.2mT(종일)
직업종사자 (전신)	10kV/m(종일) 20~30kV/m(2시간 이내)	5mT(종일) 10mT(2시간 이내)

에서는 그 효과가 거의 없다고 할 수 있다. 전기장은 피부의 감각으로서 신경에 인식될 뿐이다.

이 전기장의 안전 기준값은 경험적으로는 5㎸/m 이하이면 안전하다고 한다. 1971년 이래 전력 작업원을 대상으로 하며 러시아에서는 이 값을 사용해 왔다. 그리고 전기장값이 10㎸/m 이하이면 생물 행동에 영향이 나타나지 않는다고 말하고 있다. 전력 관계의 일을 하는 사람에게는 이 기준은 중요한 의미를 지닌다. 여러 가지 실험이나 조사 결과 〈표 30〉에 보인 것과 같은 기준값이 고려되기 시작하고 있다.

일본에서는 일반 주민에 대해 1976년부터 〈표 30〉의 값보다 더 엄격한 3㎸/m 이하(시간제한 없음)가 정해져 있다.

초저주파 자기장 기준

60㎐인 상용 주파수의 초저주파 자기장에 대해서는 극히 조금이기는 하지만 몸속으로 침투한다. 그리고 이 자기장이 변동하기 때문에 3장('정전기' 참조)에 설명한, 이른바 맴돌이 전류 작용에 의한 전류가 생체 내로 흘러서 신경계나 생체 조직에

작용하게 된다. 초저주파에서는 전기장보다도 오히려 자기장에 주의해야 할 것이다.

자기장의 안전 기준값도 〈표 30〉에 보여 두었다. 생체 내에 1㎠당 1~10㎃의 전류가 흘러도 아무 일도 일어나지 않는다. 이 전류를 발생하는 자기장은 60㎐에서는 0.5~5mT이다. 외부 자기장이 5~50mT가 되면 몸속에 1/㎠당 10~100㎃의 전류가 흘러 시각 신경계에 영향이 나타난다고 한다.

후기

전기, 전파 생체 효과의 연구는 각 방면에서 새로운 화젯거리가 되고 있습니다. 그것들의 연구에도 열의가 대단합니다. 본문에서는 그러한 현재의 동향에 대해서도 가능한 한 언급했노라고 생각합니다. 그러나 지나치게 전문적인 것은 피했습니다.

최근 각국에서, 여러 가지 안전 기준이 적극적으로 제안되어 있습니다. 본문에서는 그것들의 개개에 대해서는 언급하지 않았습니다. 그러나 안전 기준의 기본이 되는 사고방식─'어떻게 문제를 해결할 것이냐, 그 때 어떠한 문제가 미해결로 남겨지느냐?'─만은 필요하다고 생각하여, ANSI ′82를 예로 들어 조금 전문적이 되었습니다만 설명했습니다.

전파 생체 효과를 생각할 때, 아니 크게 과학 기술을 생각할 때, 언제나 좋은 효과와 나쁜 효과의 이면성이 있는 과학 기술의 모습을 느낍니다. 그리고 그들 사이에서 절도를 지키는 것이 인간의 지혜가 아닐까 하고 생각하는 것입니다. 이럴 때에 웬지 항상 머리에 떠오르는 옛날이야기가 있습니다.

옛날 옛적, 신화시대의 이야기입니다.
어떤 신이 아름다운 처녀를 만났다. 그래서 곧
"뉘 집 딸이냐?"
"아무개 신의 딸로 고노하나사쿠야라고 합니다."
"네게는 형제가 있느냐?"
"이하나가라는 언니가 있습니다."
그래서 신은 마음을 털어놓고 말했다.

192

"나는 너를 아내로 맞이하고 싶은데 네 생각은 어떠하냐?"

"저로서는 뭐라고 말씀드릴 수가 없습니다. 부친을 통하여 대답 드리겠습니다."

그래서 부친에게 사람을 보내어 따님을 아내로 맞이하고 싶다고 소망했다. 부친은 크게 기뻐하여, 100개나 되는 탁자 위에 약혼 예물을 잔뜩 쌓아올려, 이것과 고노하나사쿠야뿐만 아니라, 언니 이하나가마저 함께 바쳤다.

그런데 언니는 마음에 들지 않았기 때문에, 신이 한 번 보고 바로 돌려보냈다. 그리고 동생만 하룻밤을 함께 했다.

과학 기술의 세계에서는 효율이나 취향을 언제나 중시하기 때문에, 보다 깊은 이해를 위한 동기 부여가 약해지는 듯한 느낌이 듭니다. 독자 여러분은 어떻게 생각하실까요?

저의 전문은 전파 생체 효과가 아닙니다. 이 책의 내용에 대해서는 식은땀이 나오는 듯한 생각이 듭니다. 제게는 이 분야에 대해서는 이제부터 공부해야 할 것이 많습니다. 이 분야에 깊은 흥미를 가지시는 독자 여러분에게는 이 책만으로 생체 효과에 대한 결론을 지을 것이 아니라, 다른 책도 읽도록 권합니다.

본문 중의 수치에 대해서는 여러 가지 책과 문헌으로부터 발췌한 것입니다만, 그 원전(原典)까지는 확인하지 않았습니다. 가능한 한 정확하게 썼다고는 생각합니다만, 예를 수치로 들어 말하면, 그것이 실효값인지 파고(波高)값인지 판독하기 어려운 것도 있으리라 생각합니다.

이 책을 쓰기 위해 참고 자료를 제공 받은 분들께 깊은 감사를 드립니다.

역자 후기

전파의 응용 분야가 확대되고, 우리 주변에서 전파 응용 장치의 사용이 두드러짐에 따라서, 우리는 전파의 성질에 대해서 조금은 알아 두는 것도 무익하지는 않을 것이다.

전파의 주된 이용은 정보의 전달과 에너지의 전송이다. 이뿐만 아니라 그 응용분야 하나하나를 든다면 이루 헤아릴 수가 없다. 이와 같은 전파 자원은 잘 사용하면 인류에게 많은 도움을 주지만 그릇되게 사용하면 그 해 또한 감당하기 어려운 것이다.

전파 자원을 악용하는 것은 어느 정도 전파의 성질을 잘 알고 있어야 가능하겠지만, 우리 일반인들에게는 그 정도까지는 도달하지 않는다고 하더라도, 전파에 대하여 무지라는 이유만으로 사전에 예방할 수 있는 것까지 포함하여, 자신들도 모르는 사이에 전파로 말미암아 해를 입고 있지는 않을까?

우리의 신체는 지구 자기에 노출되어 있고, 또 주위 환경에 따라서는 열악한 전자기파 환경에 드러나 있는 경우가 많지만, 전파로 말미암은 인체 장해의 증상을 뚜렷하게 느끼기 어려운 것이 실정이다.

이 책은 전파가 인체에 미치는 영향에 대하여 지금까지의 연구 결과들을 살펴보면서, 저자의 식견을 곁들여 쓴 책이다.

이 책의 저자인 게이오대학의 도쿠마루(德九 仁) 교수는 전파공학, 특히 안테나 이론의 전문가이다. 역자는 도쿠마루 교수의 지도를 받았고, 이 책은 역자가 박사 과정 마지막 해인 당시에 집필된 것으로서, 당시 전기담요와 인체와의 관계에 관하여 대화를 나눈 것이 인연이 되어 이 책의 번역을 생각하게 된 것이다. 국내에는 아직 전파의 생체 효과에 대한 전문서 내지는 해설서가 출판되어 있지 않은 것 같아서 번역을 서둘러 보았으나 역자가 게으른 탓으로 번역이 늦어졌다. 특히 전파과학사의 손영수 회장님으로부터는 번역에 있어 많은 도움을 받았음을 밝혀둔다.

자라나는 과학도들을 위해서는 무엇보다 중요한 것이 상상력을 길러주고 흥미를 일으킬 수 있는 각 분야의 과학 해설서가 필요하다. 세세한 부분에 파고 들어가는 현미경적인 사고 방법도 중요하겠지만, 여기에 얽매이다 보면 자칫 머리의 유연함을 잃어버리게 되고, 망원경적인 시야를 갖추기 어렵게 되어 버리고 만다.

우리는 과학의 세계에서 경험 있는 여행자가 되기 위해서는 현미경과 망원경을 동시에 갖추어야 하며, 머리가 굳어져 있지 않은 자유로운 공상과 때로는 이것도 좋고 저것도 좋은 우유부단형의 사고 스타일을, 간혹은 틀리는 것도 맞을 것이라고 우겨보는 억지 사고법을 역이용하는 방법을, 그리고 토요일 오후의 따스한 창가에서 오후의 게으른 낮잠을 즐기는 동안의 풍요로운 공상 등을 자유자재로 구사하면서, 새로운 것을 창조해 낼 수 있는 틀을 형성해 나갈 수 있어야 하겠다.

이 책과 같은 과학 해설서는 잘 이용하면 이러한 요구에 충분히 답할 수 있을 것으로 기대한다.

끝으로 이 책이 번역 출판되기까지 여러 가지로 도와주신 전파과학사의 손영일 사장님, 그리고 편집부 여러분에게 심심한 감사를 드린다.

김기채

전파는 위험하지 않은가
우려되는 인체에 대한 장해

초판 1쇄 1991년 04월 15일
개정 1쇄 2020년 02월 11일

지은이 도쿠마루 시노부
옮긴이 김기채
펴낸이 손영일
펴낸곳 전파과학사
주소 서울시 서대문구 증가로 18, 204호
등록 1956. 7. 23. 등록 제10-89호
전화 (02) 333-8877(8855)
FAX (02) 334-8092
홈페이지 www.s-wave.co.kr
E-mail chonpa2@hanmail.net
공식블로그 http://blog.naver.com/siencia

ISBN 978-89-7044-922-7 (03560)
파본은 구입처에서 교환해 드립니다.
정가는 커버에 표시되어 있습니다.

도서목록
현대과학신서

도서목록

BLUE BACKS